SAMMLUNG GÖSCHEN BAND 936

WERKSTOFFE DES MASCHINENBAUES

von

PROFESSOR DR. AUGUST THUM †

und

DR.-ING. C. M. FRHR. v. MEYSENBUG
Staatliche Materialprüfungsanstalt Darmstadt

II

DIE KONSTRUKTIONSWERKSTOFFE

Zweite, neubearbeitete Auflage
Mit 19 Tabellen und 40 Abbildungen

WALTER DE GRUYTER & CO.
vormals G. J. Göschen'sche Verlagshandlung · J. Guttentag,
Verlagsbuchhandlung · Georg Reimer · Karl J. Trübner · Veit & Comp.
BERLIN 1959

Inhaltsverzeichnis

Inhaltsverzeichnis

Inhaltsverzeichnis

Inhalt des ersten Bandes (Slg. Göschen Bd. 476):

1. Einleitung

Im ersten Band der „Werkstoffe des Maschinenbaues" (Band 476 der Sammlung Göschen) war neben einer Einführung in die Methoden und Begriffe der Werkstoffprüfung eine Übersicht über die metallischen und nichtmetallischen Werkstoffe gegeben, die zum Maschinenbau in irgendeiner Beziehung stehen. Zum Teil haben sie ausschließlich als Legierungszusätze, als Überzugsmaterial zum Korrosionsschutz oder als Hilfswerkstoffe Bedeutung, so daß ihre Erwähnung im Rahmen einer solchen Aufzählung genügte. Die eigentlichen Konstruktionswerkstoffe aber mußten dort zu kurz kommen. Dieser zweite Band befaßt sich deshalb mit den Werkstoffen des Maschinenbaues im engeren Sinne, mit den Werkstoffen, die für die kraftübertragenden Bauteile in Maschinen oder als Werkzeuge für deren Herstellung Verwendung finden. Dabei erscheint es angebracht, bei den „klassischen" Werkstoffen auch auf die Gewinnung und Erzeugung einzugehen, weil die Kenntnis der Entstehung eines Werkstoffes seine Eigenschaften und Eigenarten besser verständlich macht. Bei den neueren Werkstoffen, Titan, Sintermetallen und Kunststoffen, deren Einführung als Konstruktionswerkstoffe noch nicht abzusehen ist, wurde dagegen auf eine ausführliche Behandlung verzichtet. Sie werden im Hinblick auf eine sich anbahnende Entwicklung soweit besprochen, daß dem Leser bei einer Begegnung mit diesen neuen Stoffen oder einer etwaigen Anwendung die grundlegenden Begriffe und Eigenschaften klar sind. Ein besonderer Abschnitt ist den Lagerwerkstoffen gewidmet, die freilich nicht unter die sonstigen Werkstoffe eingereiht werden können, die aber ein Anwendungsgebiet für die verschiedenartigsten Werkstoffe darstellen, so daß hier eine Übersicht angebracht erscheint. Einige Hinweise auf die Gestaltung, die bei allen Werkstoffen das Festigkeitsverhalten und damit ihre Eignung für eine Konstruktion beeinflußt, schließen den Band ab.

2. Stahl und Eisen

21. Vorkommen und Gewinnung

Das Eisen war dem Menschen schon in vorgeschichtlicher Zeit bekannt. Seine vorherrschende Bedeutung in der Technik gewann es aber erst etwa seit dem Mittelalter mit der Entwicklung der Schmelz- und Umschmelzmethoden, die dann besonders im 19. Jahrhundert auf nahezu den heutigen Stand vervollkommnet wurden.

Eisen kommt in der Natur nicht gediegen vor. Es findet sich in Gestalt von Eisenerzen (Eisenoxyden, Eisenhydroxyden und Eisenkarbonaten) an sehr vielen Stellen der Erde. Genannt seien hier nur die Eisenvorkommen in Nordamerika, in Rußland (Ural), in Schweden, England, im Ruhr- und im Saargebiet sowie in Elsaß-Lothringen.

Die Eisengewinnung besteht in einer Trennung der genannten chemischen Verbindungen, vornehmlich also in einer Reduktion der Erze zu Eisen, wobei der Sauerstoff aus seiner Verbindung mit dem Eisen gelöst und an einen anderen Stoff — in erster Linie Kohlenstoff — gebunden wird. Das so gewonnene Roheisen enthält daher immer größere Mengen Kohlenstoff, der seine Eigenschaften stark beeinflußt und erst durch weitere Umwandlungsverfahren auf ein gewünschtes Maß vermindert werden muß. Das in dieser Weise umgewandelte Eisen bezeichnet man als Stahl.

Die Reduktion der Erze wird im *Hochofen* vorgenommen, einem 20 bis 30 m hohen Schachtofen, der mit feuerfestem Mauerwerk ausgekleidet ist. Der Schacht wird von oben (von der „Gicht" her) abwechselnd mit einer Lage Koks und einer Lage Erz beschickt, bis er restlos gefüllt ist. Dem Erz werden sogenannte „Zuschläge" zugegeben, das sind Mineralien, die die Schlacke binden und leicht flüssig machen. Hierzu eignet sich vorwiegend Kalk, der deshalb in großen Mengen im Hochofenbetrieb benötigt wird. Die zur Verbrennung notwendige Luft wird durch „Windmaschinen", große Gebläseanlagen, von unten in den Hochofen eingeblasen. Zur Erzielung höherer Temperaturen wird dieser „Wind" aber vorher in „Winderhitzern“ auf eine Temperatur von etwa 800° C gebracht. Die Winderhitzer werden ihrerseits durch die Gichtgase aufgeheizt, d. h. die bei der Verbrennung entstehenden heißen Gase, die sich im oberen Teil des Hochofens sammeln, werden durch ein Steinröhrensystem geleitet und erwärmen es auf etwa 1000° C. Dann wird durch diese heißen Steine der „Kaltwind“ geblasen und gelangt als „Heißwind“ in den Hochofen. Zu einem Hochofen gehören zwei Winderhitzer, durch die wechselweise Wind bzw. Gichtgas geblasen wird. Meist wird nur ein Teil des anfallenden Gichtgases zur Winderhitzung benötigt, so daß der Rest noch für andere Heizzwecke oder zum Betreiben von Gasmaschinen (z. B. für den Antrieb der Gebläse) verwendet werden kann.

Der Hochofen wird kontinuierlich betrieben, da das Ausschmelzen einer einmaligen Füllung unwirtschaftlich wäre. Das flüssige Eisen sammelt sich im unteren Teil des Ofens und wird durch Öffnen eines mit Lehm verstopften Stichlochs alle 3 bis 4 Stunden „abgestochen“. Auf der Eisenschmelze

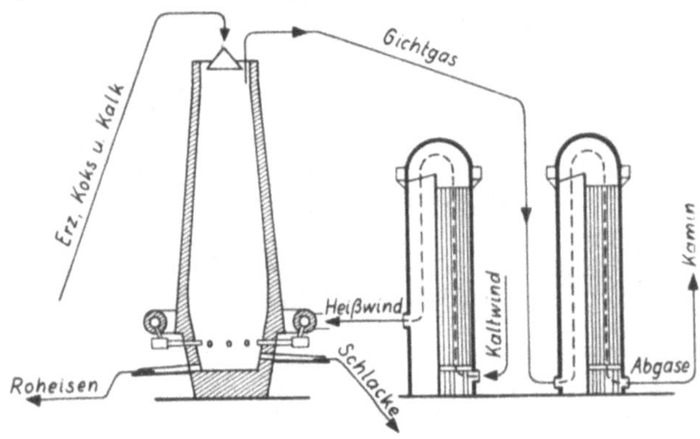

Abb. 1 Schematische Darstellung einer Hochofenanlage mit Winderhitzern

schwimmt die leichtere flüssige Schlacke, für deren laufenden Abfluß gesorgt werden muß. Die mittlere Hochofenzone ist die eigentliche Reduktionszone, während in der oberen Zone das Füllgut durch die zur Gicht ziehenden Gase vorgewärmt wird. Die laufende Beschickung mit Koks, Erz und Zuschlagstoffen wird durch die Kübel großer Förderwerke vorgenommen. In Abb. 1 ist eine solche Hochofenanlage schematisch dargestellt. Früher reduzierte man die Erze allgemein statt mit Koks mit Holzkohle, wobei der Hochofen nicht mit Heißwind betrieben wurde. Dieses Verfahren wird heute noch angewandt, wenn genügend Holz zur Verfügung steht (in Deutschland seit Anfang der 19. Jahrhunderts nicht mehr möglich), weil es ein sehr reines, auch unmittelbar zu Formteilen vergießbares Roheisen ergibt.

Das aus dem Hochofen abfließende *Roheisen* kann in feuerfest ausgekleideten Behältern („Pfannen") im flüssigen Zustand direkt zur Weiterverarbeitung ins Stahlwerk gebracht werden, sofern dieses sich in unmittelbarer Nähe des Hochofens befindet. Oder man läßt das Roheisen in offenen Sandmulden zu Barren oder Masseln erstarren. Diese Masseln bilden das Gießerei-Roheisen (Grauguß, Temperguß, siehe Abschnitte 23 und 24), das mit entsprechenden Zusätzen wieder erschmolzen und dann direkt zu Formteilen vergossen wird; für die Stahlherstellung müssen die Masseln vor der Weiterverarbeitung ebenfalls eingeschmolzen werden.

22. Das Eisen-Kohlenstoff-Diagramm

Bei der hervorragenden Bedeutung, die den Eisenwerkstoffen im Maschinenbau zukommt, und der Vielfalt ihrer Erscheinungsformen ist es notwendig, auf das Zustandsschaubild Eisen-Kohlenstoff einzugehen, wenngleich auf die Behandlung entsprechender Zustandsschaubilder in den Abschnitten über die Nichteisenmetalle mit Rücksicht auf den gesteckten Rahmen dieses Büchleins verzichtet wird. Da sich z. B. der Schmelzpunkt einer Legierung je nach dem Mengenverhältnis der Legierungspartner zueinander ändert und auch unterhalb der Schmelzpunkte Umwandlungen in der Legierung auftreten können, verschafft man sich durch solche Schaubilder, in denen auf der Ordinate die Temperatur und auf der Abszisse die Zusammensetzung aufgetragen ist, einen Überblick, in welchem Zustand sich eine Legierung bei bestimmter Zusammensetzung und bestimmten Temperaturen befindet.[1])

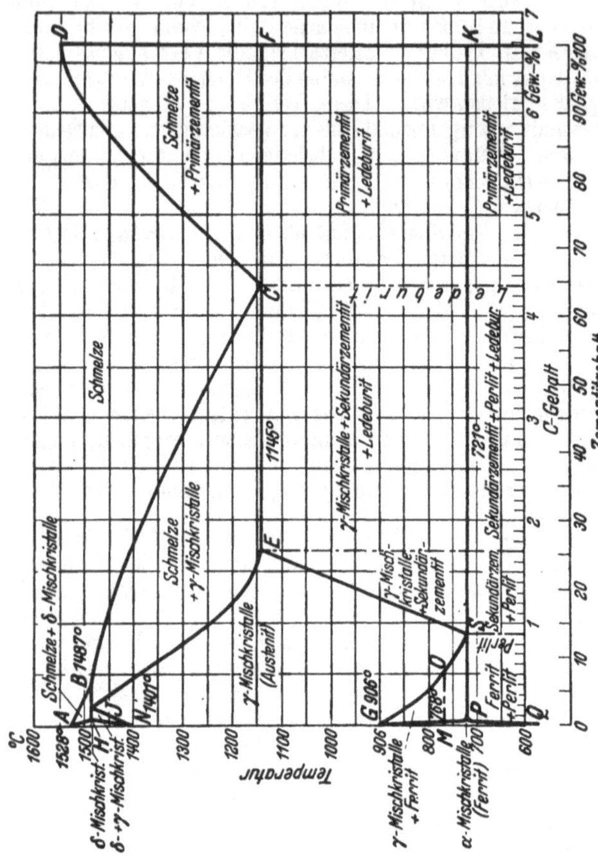

Abb. 2. Das Eisen-Kohlenstoff-Diagramm

[1]) vgl. Borchers, Metallkunde I/II Band 432 und 433/433a der Sammlung Göschen.

Der Hauptlegierungspartner des Eisens, der ihm vom Hochofenprozeß her anhaftet und seine Eigenschaften am maßgeblichsten beeinflußt, ist der Kohlenstoff. Andere Legierungselemente, die entweder als Eisenbegleiter vorhanden sind oder gewollt zugesetzt werden, beeinflussen zwar auch die Eigenschaften des Legierungsproduktes, aber sie bewirken im wesentlichen nur eine „Verschiebung“ der Zustände, die schon durch den Kohlenstoff vorgezeichnet sind.

Der Kohlenstoffgehalt des Hochofen-Roheisens liegt im allgemeinen zwischen 3 und 5%. Das Eisen-Kohlenstoff-Diagramm (Abb. 2) zeigt an, daß eine Legierung von Eisen mit beispielsweise 4,3% Kohlenstoff einen Schmelzpunkt von 1145°[1]) hat (Punkt *C*). In dieser Konzentration geht die Legierung unmittelbar vom festen in den flüssigen Zustand über. Sinkt der Kohlenstoffgehalt (für normalen Grauguß und Temperguß liegt er zwischen ca. 2 und 4%), so beginnt bei 1145° erst ein „Schmelzbereich“, ein teigiger Zustand, der sich z. B. für 2,5% C bis etwa 1330° erstreckt.

Die durch diesen Punkt gehende Linie (also die Linie *ABC* im Diagramm) heißt Liquidus-Linie, weil oberhalb der durch sie angezeigten Tenperaturen alles flüssig (lat. liquidus) ist. Die untere Begrenzungslinie des teigigen Zustandes, unterhalb deren alles fest (lat. solidus) ist, wird als Solidus-Linie bezeichnet. In dem hier betrachteten Diagrammteil wäre es die Linie *AEC*.

Wenn die Betrachtung des Diagramms beim Roheisen begonnen wurde, so deshalb, weil das Eisen aus dem Hochofen mit diesem verhältnismäßig hohen Kohlenstoffgehalt anfällt und reines Eisen praktisch nicht vorkommt. Die Verfahren zur Verminderung des C-Gehaltes werden für die einzelnen Eisen- und Stahlsorten noch behandelt. Es zeigt sich, daß bei niedrigen C-Gehalten, also links des Punktes *E* im Diagramm, außer dem erwähnten Übergang vom festen in den teigigen bzw. flüssigen Zustand sich offenbar noch weitere Vorgänge abspielen, die durch Linien im Diagramm gekennzeichnet sind

[1]) Für die Temperaturangaben in Celsiusgraden wird von hier an im Abschnitt Stahl nicht mehr die Dimensionsbezeichnung °C verwendet, um eine Verwechslung mit dem häufig daneben vorkommenden Symbol für Kohlenstoff (C) auszuschließen.

und als „Umwandlungen im festen Zustand" bezeichnet werden. Dieses Gebiet sei zunächst übersprungen und das Verhalten des reinen Eisens (das chemisch selbstverständlich darstellbar ist). bei Temperaturerhöhung untersucht. Im Diagramm ist das durch die Ursprungsordinate bei 0% C dargestellt. (Auf der Abszisse ist der Kohlenstoffgehalt in % aufgetragen. Da der Kohlenstoff im Eisen nur in besonderen Fällen in freier Form auftritt, vorwiegend aber als Eisenkarbid oder Zementit Fe_3C gebunden ist, wird außerdem auf der Abszisse der Zementitgehalt angegeben.)

Das Eisen ist, wie jeder Stoff, aus kleinsten Bausteinen, den Atomen, aufgebaut; regelmäßig zueinander angeordent bilden sie die Kristalle. Diese Anordnung der als kugelig symbolisierten Atome wird meist vereinfacht durch Festlegung nur der Kugelmittelpunkte in einem sogenannten Raumgitter dargestellt, dessen einfachste Form Abb. 3 zeigt. Da das Raum-

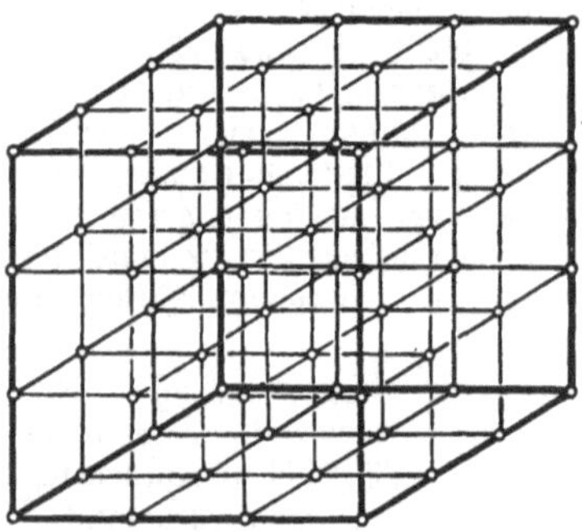

Abb 3. Beispiel für ein Raumgitter

gitter gleichmäßig aufgebaut ist, gibt eine „Masche" aus diesem Gitter schon Aufschluß über die „Struktur" des dargestellten Stoffes. Im vorliegenden Fall wäre das ein Würfel, an dessen acht Ecken je ein Atom sitzt.

Der Gitteraufbau des reinen Eisens ist nun wie im obigen Beispiel ebenfalls würfelig; allerdings befindet sich in der Mitte des Würfels noch ein Atom, der Gitteraufbau ist also

„kubisch raumzentriert“, wie in Abb. 4 links angedeutet. Diesen Zustand hat das Eisen bei Raumtemperatur und be-

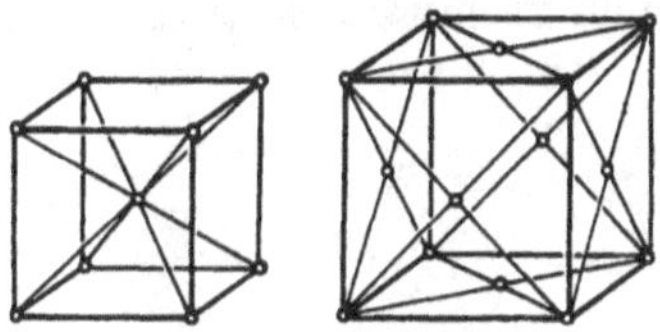

Abb. 4. Gitterwürfel (= Ausschnitt aus dem Raumgitter Abb. 3) für das α-Eisen und für das γ Eisen

hält ihn bei (bei Verfolgung der Ordinate für 0% C im Diagramm in Richtung höherer Temperaturen) bis zur Temperatur von 906°. Hier tritt schlagartig eine Umwandlung im festen Zustand ein: die Atome aus den Mitten der Würfel wandern plötzlich in die Mitten der Würfelflächen. Da die Gesamtzahl der Atome gleichbleibt, aber mehr Flächenmitten als Raummitten vorhanden sind, verschieben sich die Atome an den Ecken auch, und das entstehende „kubisch flächenzentrierte“ Gitter ist größer als der raumzentrierte (Abb. 4).

Das Eisen mit kubisch raumzentriertem Gitter wird Alpha-Eisen (α-Eisen) genannt. Es ist magnetisch und behält diese Eigenschaft von Raumtemperatur unverändert bei bis 768° (Punkt *M* im Diagramm). Bei dieser Temperatur wird es zu unmagnetischem α-Eisen, das sich aber im Strukturaufbau nicht vom vorigen unterscheidet. Es ist das sogenannte Ferritgefüge (Abb. 5), das aus unregelmäßig geformten Kristalliten besteht. (Diese einzelnen Körner sind aber ihrerseits alle aus in regelmäßigem Raumgitter angeordneten Eisenatomen aufgebaut.) Erst durch die Umgruppierung der Atome in das kubisch flächenzentrierte Gitter bei 906° (Punkt *G*) entsteht das sogenannte Gamma-Eisen (γ-Eisen), das sich im mikroskopischen Bild als „Austenit“-Gefüge darstellt (Abb. 6). Die Austenitkörner werden mit zunehmender Temperatur größer, jedoch treten sonst bis 1401° keine weiteren Veränderungen ein. Hier (Punkt *N*) erfolgt eine Rückbildung des Raumgitters in die kubisch raumzentrierte Form, es entsteht das sogenannte Delta-Eisen (δ-Eisen). Bei 1528° schließlich (Punkt *A*) schmilzt das reine Eisen. Bei Abkühlung werden die gleichen Umwandlungen in umgekehrter Reihenfolge durchlaufen, allerdings sind die Temperaturen etwas von den angegebenen, die für Erwärmung gelten, verschieden.

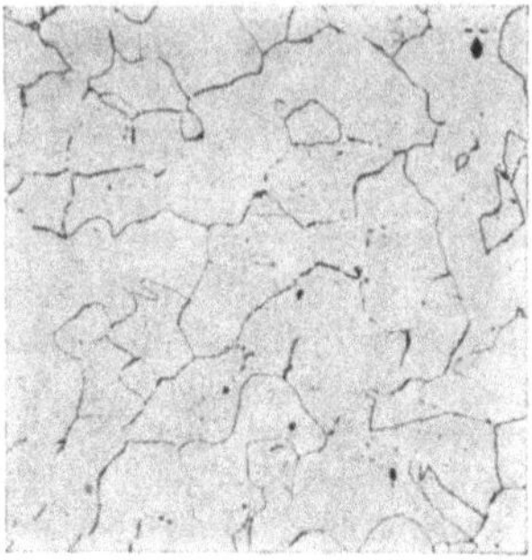

Abb. 5. Ferrit-Gefüge. (V = 200)

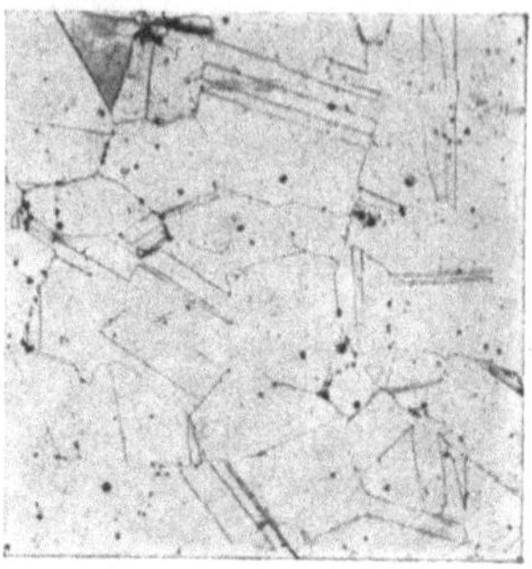

Abb. 6. Austenit. (V = 500)

Tritt nun zu dem soeben betrachteten reinen Eisen Kohlenstoff hinzu, so verbinden sich die beiden Elemente zu Fe_3C (Eisenkarbid, Zementit), das sich lamellenförmig in die Eisenkristalle einlagert. In einem solchen lamellar aufgebauten sogenannten „Perlit"-Korn ist der Zementit immer in einem ganz bestimmten Mengenverhältnis zum Eisen enthalten, nämlich so, daß 0,9% C gebunden sind. Das Gefüge einer Eisen-Kohlenstoff-Legierung mit 0,9% C enthält also nur solche Perlit-Körner (Abb. 7), man nennt es auch eutektoid. Ist weniger als 0,9% C vorhanden, so können nicht alle Ferrit-Kristalle in dieser Konzentration durchsetzt werden: einige der Kristallite verbrauchen den ganzen vorhandenen Kohlenstoff, um in sich die Konzentration 0,9% C zu haben (Perlit-Kristalle), und dazu bleiben reine Ferrit-Körner — wie oben bei 0% C — übrig. Abb. 8 zeigt ein Beispiel für ein solches „untereutektoides" Gefüge, das aus Ferrit und Perlit besteht. In Legierungen mit mehr als 0,9% C kann sinngemäß nicht aller vorhandene Kohlenstoff zur Bildung von Perlit verbraucht werden. Der überschüssige Zementit lagert sich schalenförmig um die einzelnen Perlit-Körner ab und erscheint im Schnittbild eines solchen übereutektoiden Gefüges als

Abb. 7. Perlit. (V = 200)

Abb. 8. Untereutektoider Stahl; 0,4 % C. (V = 200)

Netzwerk (Abb. 9). Die Dicke dieses Zementitschalenwerks wächst bis 1,7% C an, bei noch höherem C-Gehalt treten neuartige Gefügebestandteile auf.

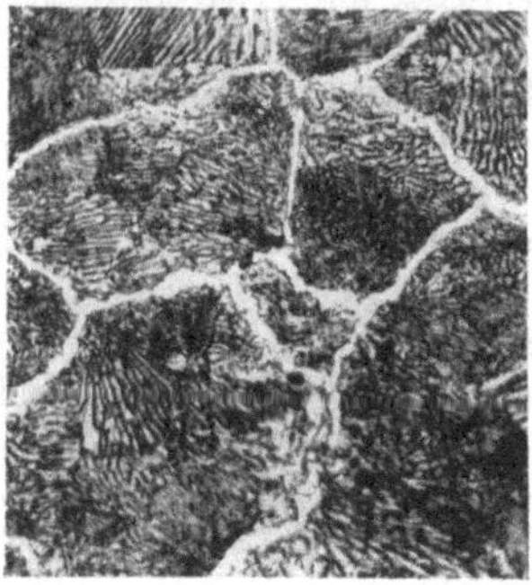

Abb. 9 Übereutektoider Stahl; 1,2 % C. (V = 200)

Die Umwandlungen dieser Eisen-Kohlenstoff-Legierungen vollziehen sich, wie aus der bisherigen Betrachtung des Diagramms bereits hervorging, anders als beim reinen Eisen. Verfolgt man z. B. die Ordinate für den reinen Perlit (0,9% C), so ergibt sich, daß die α-γ-Umwandlung des Eisens hier schon bei 721° (Punkt *S*) eintritt, wobei sich der Zementit des Perlits im Eisen auflöst. Das Gefüge dieser „festen Lösung" besteht aus kubisch flächenzentrierten „Mischkristallen", also wiederum ein Austenit, wie er sich beim reinen Eisen erst bei 906° einstellte. Für die Konzentrationen unter und über 0,9% C beginnt die Auflösung des Fe_3C ebenfalls bei 721° (Perlit-Punkt), aber je nach dem Kohlenstoffgehalt (d. h. je mehr Ferrit-Kristalle — bei wenig C — oder je mehr Schalenzementit — bei viel C — in die Lösung aufgenommen werden müssen) ist die Umwandlung zum Austenit erst bei höheren Temperaturen beendet. Die Diagrammlinien *GOSE* bzw. *GOSK* sind deshalb von besonderer Bedeutung für die Wärmebehandlung der Stähle.

Bei weiterer Temperatursteigerung erreicht man nach Durchlaufen des Austenitgebietes den schon beim Roheisen erwähnten Bereich, in dem die Legierung sich infolge beginnenden Schmelzens in einem teigigen Zustand befindet. Die Solidus-Linie, die beim Roheisen für verschiedene C-Gehalte bei 1145° überschritten wurde, ist im Gebiet der Kohlenstoffgehalte von 0 bis 1,7% stark konzentrationsabhängig (Linie *AE*). Wie schon erwähnt, haben die Grauguß- und Temperrohgußsorten im allgemeinen einen Kohlenstoffgehalt zwischen 2 und 4%. Bei weniger als 2% C ist das Eisen ohne besondere Nachbehandlung schmiedbar und wird als Stahl bezeichnet.

Der Weg zum Stahl führt also gewissermaßen vom Roheisen über Grauguß und Temperguß, wenn man davon ausgeht, daß das aus dem Hochofen kommende Roheisen mit seinem hohen Kohlenstoffgehalt sehr spröde und deshalb nur gießbar ist und sogar nur in den wenigsten Fällen (Holzkohlen-Roheisen) zu technischen Teilen vergossen werden kann. In der Umschmelzung zum Grauguß erfährt das Roheisen eine Verfeinerung, die in einer Verminderung des C-Gehalts und einer Beherrschung der Erscheinungsform des Kohlenstoffs besteht. Auch dieser Grauguß kann nur (abgesehen von spangebender Bearbeitung) durch Gießen in technisch verwendbare Form gebracht werden. Der Temperguß ist als Rohguß in einem ähnlichen, nicht verformbaren Zustand, jedoch wird hier durch Nachbehandlung der Kohlenstoff so umgewandelt bzw. vermindert, daß die Gußteile die (beim Grauguß noch vorhandene) Sprödigkeit verlieren und in gewissen Grenzen sogar schmiedbar sind. Die Verfahren der Stahlerzeugung schließlich bezwecken eine so weitgehende Verminderung des C-Gehaltes schon im schmelzflüssigen Zustand, daß das Produkt nach dem Erstarren ohne Nachbehandlung schmiedbar ist.

Diese Darstellung möge das Verständnis der Zusammenhänge erleichtern, die im Aufbau dieser Abschnitte zum Ausdruck kommen sollen. Sie erhebt keinen Anspruch auf erschöpfende Aussagen über die Beziehungen der einzelnen Vorgänge, ebenso wie die kurze Behandlung der wesentlichen Teile des Eisen-Kohlenstoff-Diagramms bewußt vieles unerwähnt läßt, um einen Überblick zu vermitteln und in die Grundbegriffe einzuführen.

23. Grauguß

„Grauguß ist ein Eisenwerkstoff mit meist mehr als 1,7% Kohlenstoff, von dem ein größerer Teil im Gefüge als Graphit vorhanden ist, der dem Bruch eine hell- bis dunkelgraue Farbe gibt. Grauguß wird aus Roheisen allein und (oder) aus Gußbruch, Stahlschrott und anderen Zusätzen erschmolzen, in Formen gegossen und im allgemeinen keiner nachträglichen Wärmebehandlung unterworfen.“ So ist in DIN 1691 der Werkstoff definiert, der früher ausschließlich unter der Bezeichnung Gußeisen bekannt war und auch heute noch vielfach so genannt wird.

231. Herstellung

In den Zeiten, als die Eisenerze mit Holzkohle erschmolzen wurden, hat man das Roheisen unmittelbar vom Hochofen aus zu Formstücken vergossen, soweit es nicht zu Stahl weiterverarbeitet wurde. Das Roheisen aus den Holzkohle-Hochofen ergab nämlich ein Gußeisen von hervorragender Qualität, weshalb heute noch vereinzelt in einigen Ländern für besonders hochwertigen Grauguß Holzkohlen-Roheisen verwendet wird. Die Eisengießereien waren infolgedessen den Hochofenbetrieben unmittelbar angeschlossen, wie das bei den Stahlwerken meist heute noch der Fall ist. Bereits Mitte des 18. Jahrhunderts wurde aber in England erstmalig Gußeisen als „Eisen zweiter Schmelzung" aus erstarrtem Roheisen mit Zusatz von Gußabfällen hergestellt. Seit sich Anfang des 19. Jahrhunderts wegen Mangel an Holzkohle der Kokshochofen immer mehr durchsetzte, dessen Roheisen zum unmittelbaren Vergießen nur bedingt geeignet ist, trennten sich die Gießereien von den Hochofenbetrieben, und der Grauguß wird heute fast ausschließlich als Eisen zweiter Schmelzung aus Roheisenmasseln mit Zusatz von Gußschrott und Stahlschrott erzeugt.

Diese zweite Schmelzung wird in den meisten Fällen im Gießerei-Schachtofen[1]) vorgenommen, den man in seinem Aufbau als verkleinerten Hochofen ansehen könnte. Der zylindrische Schacht ist allerdings im Höchstfall nur etwa 7 m hoch, aber die Anordnung der Windzufuhr, des Schlackenabflusses und des Abstichs sind ganz entsprechend. Vielfach wird mit einem sogenannten Vorherd gearbeitet, in den das Schmelzgut aus dem Schacht hineinfließt und sich in größerer Menge sammelt, wodurch man die Schlackenabführung besser beherrscht und eine größere Gleichmäßigkeit der Schmelze vor dem Abstich erzielt. Die Füllung des Ofens wird ebenso wie beim Hochofen von der Gicht aus vorgenommen, indem abwechselnd eine Lage Koks und eine Lage Eisen mit Zuschlägen eingefahren wird. Im Gegensatz zum Hochofen soll aber der Gießerei-Schachtofen nur den Schmelzprozeß und keine chemische Umwandlung vollziehen. Der Koks soll nur zur Wärmeerzeugung dienen und das Eisen nicht etwa aufkohlen, er muß deshalb möglichst vollständig zu Kohlendioxyd verbrennen. Das wird durch richtige Bemessung der Windmenge erreicht.

[1]) Landläufig auch Kupol-Ofen genannt, nach dem ersten englischen Umschmelzofen, der aber mit dem heute gebräuchlichen Gießerei-Schachtofen in Aufbau und Wirkungsweise nichts gemein hatte.

Neben dem Schachtofen, dessen Verwendung weitaus am häufigsten ist, findet man auch den Gießerei-Flammofen[1]), in dem auf einem Rost mit natürlichem Zug (also ohne „Wind") Steinkohle verbrannt wird. Die Flammen und Heizgase streichen über den „Herd" mit dem Schmelzgut, dessen Aufschmelzen dabei wesentlich länger dauert als im Schachtofen. Der Vorteil ist aber, daß man einen sehr reinen Grauguß mit niedrigem Kohlenstoffgehalt und geringer Graphitausscheidung (bei niedrigem Gehalt an Silizium und Mangan) erhält, der für Sonderzwecke erwünscht ist. — Die unmittelbare Aufschmelzung des Eisens im Elektro-Ofen[1]) ist für die Graugußerzeugung wegen hoher Stromkosten meist unwirtschaftlich und daher selten. Dagegen wird der Elektro-Ofen vielfach zur Vergütung der aus dem Schachtofen kommenden Schmelze verwendet („Duplex-Verfahren"). Man erreicht dadurch neben einer Desoxydation und Entgasung vor allem eine Entschwefelung der Schmelze für die Herstellung von hochwertigem Grauguß.

232. Zusammensetzung und Gefügeausbildung

Im Abschnitt 22 war nur vom Kohlenstoff als Legierungspartner des Eisens die Rede, es wurde aber auch erwähnt, daß andere Legierungselemente einen Einfluß auf die im Eisen-Kohlenstoff-Diagramm dargestellten Umwandlungen ausüben können. Das gilt nicht nur für Legierungselemente, die absichtlich zulegiert werden, sondern auch für solche, die als „Eisenbegleiter" schon im Erz oder durch den Hochofenprozeß im Roheisen enthalten sind. Sie können bereits die Form beeinflussen, in der der Kohlenstoff auftritt: hatten wir ihn vorher bei der einführenden Betrachtung nur in der chemisch gebundenen Form als Eisenkarbid (Zementit) kennengelernt, so begegnet er uns hier auch als freier Graphit, der zwischen die Gefügebestandteile (sowohl beim Roheisen als auch beim Grauguß) eingelagert sein kann. Während Eisenkarbid, besonders wenn es bei höheren Kohlenstoffgehalten in Form von Zementitkristallen das Gefüge durchsetzt, sehr hart ist, machen die Graphiteinlagerungen das Eisen verhältnis-

[1]) Die hier genannten Ofenarten werden im Abschnitt 251 näher erläutert.

mäßig weich, sie geben auch dem Grauguß seinen Namen, da sie ein graues Bruchaussehen hervorrufen.

Die immer vorhandenen Eisenbegleiter, deren Wirkung man in der Eisengießerei (ebenso wie im Stahlwerk) berücksichtigen muß, sind Silizium, Mangan, Phosphor und Schwefel.

Silizium fördert die Graphitausscheidung (die übrigens durch langsame Abkühlung noch verstärkt wird) und wird deshalb auch über das im Roheisen vorhandene Maß hinaus zugesetzt, wenn ein weicher Guß erzielt werden soll. Dickwandige Gußstücke, die langsam abkühlen, mit hohem Siliziumgehalt haben ein dunkelgraues grobkörniges Bruchgefüge, niedriger Siliziumgehalt dagegen bringt besonders in dünnen Wandungen (rasche Abkühlung) ein helles, unerwünscht hartes und sprödes Gefüge.

Mangan wirkt dem Silizium entgegen, indem es die Graphitausscheidung verhindert und die Eisenkarbid-Bildung fördert. Allerdings kann man nicht beliebig Mangan zusetzen, um die Wirkung eines hohen Siliziumgehaltes zu unterbinden, da sonst der Guß spröde wird. Bei etwa 2% Si darf der Mangan-Gehalt höchstens 0,8% betragen, höhere Mangangehalte bis 1% sind nur bei etwa 1% Si und weniger tragbar.

Phosphor bildet mit Eisen und Kohlenstoff einen selbständigen Gefügebestandteil, das sogenannte Phosphid-Eutektikum. Es wirkt sich nicht auf die Graphitbildung, dagegen aber unter Umständen stark auf die Festigkeitseigenschaften des Graugusses aus. Für zügige und wechselnde sowie für Verschleißbeanspruchung liegen die günstigsten Phosphorgehalte zwischen 0,35 und 0,7%, bei Schlag- und Stoßbeanspruchung sollten aber 0,25% nicht überschritten werden (Versprödung). Phosphor macht den Guß dünnflüssig und wird deshalb für komplizierte Gußstücke auch in höheren Gehalten zugesetzt.

Schwefel kann grundsätzlich als schädlicher Eisenbegleiter gelten, denn er macht den Guß zähflüssig und blasig, die Gußstücke spröde. Man hat deshalb als zulässige Höchstgrenze für Grauguß einen S-Gehalt von 0,1 bis 0,12% festgelegt, da das entstehende Eisensulfid sich bei dieser geringen

Menge noch nicht auswirkt. Der Schwefel kommt, soweit er nicht im Erz schon vorhanden ist, durch den Schmelzkoks in das Eisen hinein, so daß man beim Umschmelzen immer mit einer Zunahme des S-Gehaltes rechnen muß.

Die richtige Beherrschung der Gehalte an diesen Eisenbegleitern und ihres Mengenverhältnisses zueinander ist also von entscheidender Bedeutung für die Gefügeausbildung des Graugusses und damit für seine Eigenschaften. Im Abschnitt 22 war erläutert, wie der Aufbau eines Gefüges von den „Zuständen" zu beiden Seiten der gerade vorliegenden Zusammensetzung bestimmt wird, wie sich z. B. in einer Zusammensetzung zwischen 0 und 0,9% C Ferrit (von rechts her) findet, oder bei einer Zusammensetzung oberhalb 0,9% der Perlit neben dem Zementit. Ähnlich kann nun die Ausbildung des Graugußgefüges (zwischen 2 und 4% C) „von links" und „von rechts" bestimmt werden, wobei außerdem die Möglichkeit der Graphitausscheidung im Wechsel mit der Zementitbildung gegeben ist. „Von links" ist das bereits bekannte perlitische Gefüge, das neben reinem Ferrit und reinen Zementit-Kristallen auch im Grauguß auftritt, „von rechts" liegt dagegen das „Eutektikum" Ledeburit vor, das (ähnlich dem Perlit, der deshalb „eutektoid" genannt wird) mit 4,2% C einen Sättigungszustand darstellt. Es sei bemerkt, daß bei der „graphitischen Erstarrung" die Umwandlungslinien im Eisen-Kohlenstoff-Diagramm (insbesondere der Linienzug *S-E-C-D*) etwas anders verlaufen als in Abb. 2. Die Temperaturen und Kohlenstoffgehalte verschieben sich daher gegenüber der reinen Zementit-Bildung. Einen Anhalt darüber, wie diese Gefügeausbildungen durch das Verhältnis von Kohlenstoff und Silizium beeinflußt werden, gibt das Diagramm nach Maurer (Abb. 10). Da auch die Abkühlungsgeschwindigkeit (vornehmlich durch die Wanddicke bestimmt) auf die Gefügeausbildung von Einfluß ist, faßt das Diagramm nach Greiner u. Klingenstein den C- und Si-Gehalt zusammen (nur gültig für C-Gehalte von 2,8% aufwärts und Si-Gehalte von 1% aufwärts) und stellt sie über der Wanddicke dar (Abb. 11). In beiden Diagrammen geben die unbezeichneten Felder Übergangszonen an.

Durch Zulegieren von Nickel, Chrom, Vanadium oder Molybdän können die Festigkeitseigenschaften erhöht werden. Nachträgliche Wärmebehandlung von Grauguß wird seltener vorgenommen, jedoch ist eine Warmvergütung (Umwandlungs-

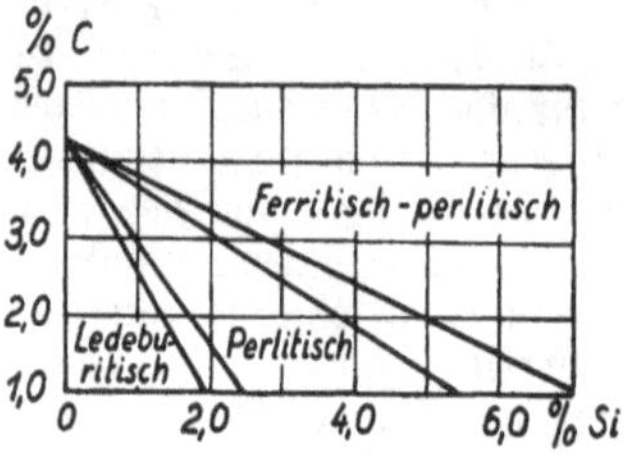

Abb. 10. Diagramm nach Maurer

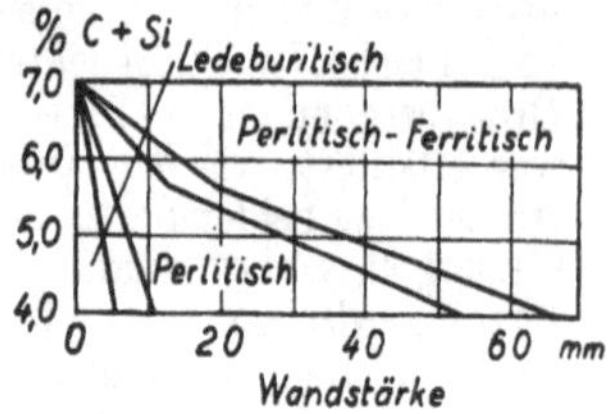

Abb. 11. Diagramm nach Greiner und Klingenstein

glühen bei etwa 900° und Abschrecken in Öl mit anschließendem Anlassen) ebenso wie ein Spannungsfreiglühen (zwischen 500 und 600°) möglich (vgl. Abschnitt 252 Wärmebehandlung von Stahl).

Als mittlere Zusammensetzung für Grauguß (ohne Berücksichtigung der einzelnen Sondersorten) kann angenommen werden:

Fe 93%, C 3,3%, Si 2,2%, Mn 0,8%, P 0,6%, S 0,1%.

233. Gattierung und Vergießen

Als Gattierung bezeichnet man die Zusammenstellung des Schmelzeinsatzes, die sich nach dem vorhandenen Ausgangsmaterial und dem gewünschten Gehalt an Eisenbegleitern und Legierungsbestandteilen im Grauguß richten muß. Dabei muß man die Gehalte an C, Si, Mn, P und S der verwendeten Roheisensorten kennen, ebenso wie die Zusammensetzung der zugesetzen Gußabfälle, die bei fremdem Gußschrott (also Abfällen, die nicht aus der eigenen Gießerei stammen) meist schwer festzustellen ist. Zur Verminderung des Gesamtkohlenstoff-Gehaltes wird vielfach Stahlschrott zugesetzt, und zur Regulierung des Si- und Mn-Gehaltes können diese Stoffe in Form von Ferro-Legierungen (handelsübliche „Zusatzpakete“) beigegeben werden. Neben der schon erwähnten Zunahme des Schwefelgehaltes durch den Schmelzkoks muß nämlich ein Abbrand an Silizium und Mangan während des Schmelzens berücksichtigt werden. Zur Bindung der Schlacke wird der Gattierung wie bei der Verhüttung im Hochofen eine entsprechende Menge Kalkstein zugegeben.

Die Schmelz- bzw. Gießtemperatur richtet sich nach dem Gesamt-C-Gehalt der Gattierung und braucht grundsätzlich nur wenig über der Liquidus-Linie zu liegen. Beim Zusatz von Stahlschrott und zur Erzielung eines möglichst rein perlitischen Gußgefüges wird jedoch eine Überhitzung der Schmelze erforderlich. Vergossen wird in Formen aus feuchtem („grünem“) Sand oder in getrocknete Sandformen, die mit einem Anstrich von Graphit versehen sind. Die Formen werden nach Holzmodellen oder Schablonen (Handformerei) oder bei Maschinenformereien auch nach Metallmodellen hergestellt. Für Massenfertigung, besonders kleinerer Teile, werden auch Stahl- oder Gußformen (Kokillen) verwendet. Für die Herstellung von zylindrischen Hohlkörpern, vor allem Rohren, wird das Schleuder-Gußverfahren angewandt.

Die Formen bzw. Modelle müssen die *Schwindung* berücksichtigen, die bei der Erstarrung der Schmelze eintritt. Sie wird beim normalen Grauguß mit 1%, bei niedrig gekohltem Guß mit 1,5% gerechnet. Außerdem ist das Auftreten von *Lunkern* zu beachten, d. i. die Bildung von Hohlstellen da, wo die Schmelze wegen Materialanhäufung nur langsam von außen nach innen abkühlt. Man vermeidet sie durch „Steiger“ und „verlorene Köpfe“, d. h. zusätzliche Angüsse, aus denen das flüssige Eisen während der Erstarrung in die lunkergefährdeten Stellen nachfließen kann.

234. Graugußsorten, Eigenschaften, Anwendung

Nach DIN 1691 unterscheidet man normalen, hochwertigen und Sondergrauguß. Zahlentafel 1 gibt einen Auszug aus dieser Norm, aus dem die Bezeichnungen und die Mindestfestigkeitswerte zu ersehen sind. Die Einteilung ist dabei nach der Zugfestigkeit vorgenommen, obwohl als wichtigster Festigkeitskennwert beim Grauguß die Biegefestigkeit gilt.

Zahlentafel 1: Graugußsorten nach DIN 1691

Güteklassen	Markenbezeichnung neu nach DIN 17006	Markenbezeichnung bisher	Maßgebende Wanddicke des Gußstückes mm	Zugfestigkeit σ_{zB} mind. kg/mm²	Biegefestigkeit σ_{bB} mind. kg/mm²	Bruchdurchbiegung f_B mind. mm
Normaler Grauguß	GG 12	Ge 12.91	8 bis 50	12	—	—
	GG 14	Ge 14.91	4 bis 8 über 8 bis 15 über 15 bis 30 über 30 bis 50	18 16 14 11	32 30 28 24	2 4 7 10
	GG 18	Ge 18.91	4 bis 8 über 8 bis 15 über 15 bis 30 über 30 bis 50	22 20 18 15	38 36 34 30	2 4 7 10
Hochwertiger Grauguß	GG 22	Ge 22.91	4 bis 8 über 8 bis 15 über 15 bis 30 über 30 bis 50	26 24 22 19	44 42 40 36	3 5 8 11
	GG 26	Ge 26.91	8 bis 15 über 15 bis 30 über 30 bis 50	28 26 23	48 46 42	5 8 11
Sonder-Grauguß	GG 30	Ge 30.91	über 15 bis 30 über 30 bis 50	30 (25)	48 (45)	8 (11)

Sie wird an Rundstäben (DIN 50110) geprüft, die bei größeren Gußstücken nach Möglichkeit mit angegossen und nicht spangebend hergestellt werden. Für Grauguß mit grober Graphitausscheidung ist die Bestimmung der Warmstreckgrenze von Bedeutung, d. h. die Streckgrenze aus dem Zugversuch bei erhöhten Temperaturen, bei denen ein sogenanntes Wachsen der Gußstücke eintritt. Grauguß mit vorwiegend perlitischem Gefüge zeigt dieses Wachsen nicht.

Die legierten Graugußsorten stellen Sondergußarten dar, bei denen je nach Legierungszusatz höhere Festigkeitseigenschaften erzielt werden. Mit Nickel, Chrom und Kupfer legierter Grauguß kann z. B. Zugfestigkeiten von über 60 kg/mm² erreichen. Die Dehnung ist aber auch bei legiertem Grauguß sehr gering und eine Duktilität praktisch nicht vorhanden.

Grauguß wird in der Regel nur an Paßflächen spangebend nachgearbeitet, im übrigen beschränkt man sich auf die Formgebung durch Gießen. Schweißen läßt sich Grauguß für Reparaturzwecke entweder durch Aufgießen flüssigen Eisens oder mit den üblichen Gas- und Elektro-Schweißmethoden.

Die Anwendung von Grauguß erstreckt sich auf den sogenannten Handelsguß einerseits und den Maschinenguß andererseits. Zum *Handelsguß* rechnet man Formteile genormter Abmessungen, die auf Lager gefertigt werden können, wie im Maschinenbau z. B. Flanschen, Muffen, Abflußrohre, Rippenrohre, Heizkörper, Säulen, Unterlagplatten usw. Der *Maschinenguß* wird meist in kleineren Serien nach Bestellung oder Zeichnung angefertigt. Dabei werden unterschiedliche Güteanforderungen an den Guß gestellt, die verschiedene Zusammensetzung und Ausbildung des Gußgefüges bedingen, je nachdem, ob es sich um Maschinengestelle und -gehäuse, Werkzeugmaschinenbetten, Motorengehäuse, Zylinderblöcke oder Zylinderbuchsen, Kurbelwellen oder dergleichen handelt.

235. Kugelgraphitguß

Eine besondere Weiterentwicklung des grauen Gußeisens hat in neuester Zeit zu dem sogenannten Kugelgraphitguß[1])

[1]) In Deutschland bekannte Handelsmarke: „Sphäroguß".

geführt, dessen wesentliche Kennzeichen neben einer kugeligen (statt adrigen, vgl. Abb. 12) Einlagerung des Graphits (Abb. 13) im Gefüge erhöhte Festigkeitseigenschaften und eine bis dahin bei Gußwerkstoffen nicht erreichte Dehnbarkeit sind.

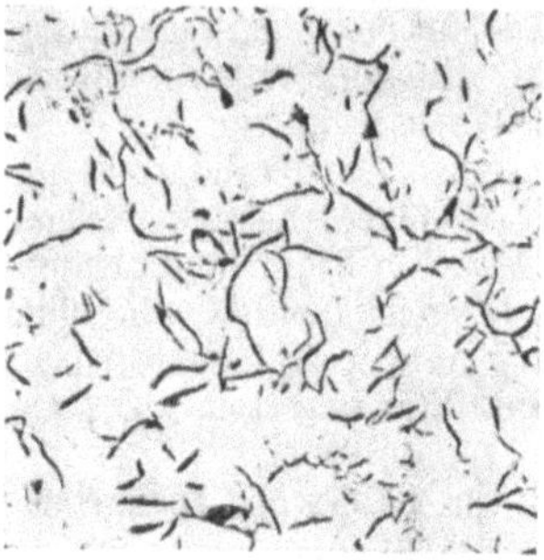

Abb. 12. Graphitadern im normalen Grauguß. (V=100)

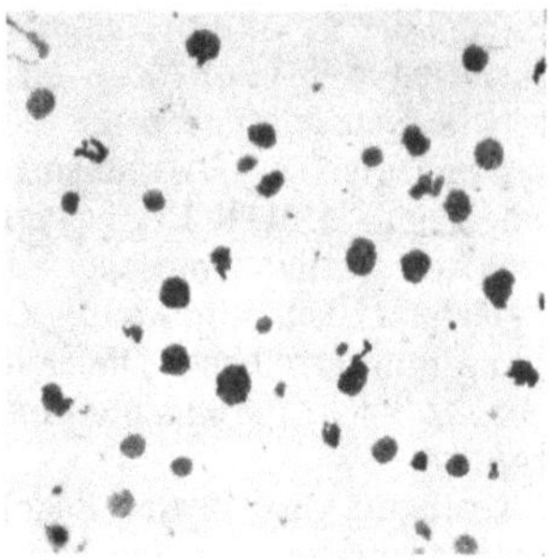

Abb. 13. Kugelige Graphiteinlagerungen im Kugelgraphitguß. (V = 100)

Er wird deshalb vielfach als ein neuartiger Werktsoff — etwa zwischen Grauguß und Temperguß — angesehen, obwohl er als ein Gußeisen mit während der Erstarrung ausgeschiedenem Graphit durchaus den Charakter von Grauguß hat.

Die besonderen Eigenschaften des Kugelgraphitgusses werden durch Versetzung der Gußeisenschmelze mit Magnesium und Silizium („Doppelimpfung") herbeigeführt. Der fertige Guß enthält dann neben 3,4 bis 3,8% C etwa 2,0 bis 2,5% Si und 0,04 bis 0,1% Mg, außerdem geringe Mengen von Mn und P und möglichst keinen Schwefel. Die verbesserte Dehnbarkeit des Gusses ist noch nicht allein durch die kugelige Ausbildung des Graphits gewährleistet, sondern wird in hohem Maße vom Mangan- und Phosphorgehalt beeinflußt. Es gibt Kugelgraphitguß, dessen Dehnungswerte im Gußzustand kaum über 1% liegen, im allgemeinen kann man jedoch mit Dehnungen von 5 bis 6% rechnen. Durch Wärmebehandlung lassen sich aber weit höhere Dehnungswerte erreichen, wobei sich dann auch der Unterschied zwischen Zugfestigkeit und Streckgrenze stärker ausprägt, der im Gußzustand nur gering (bei normalem Grauguß aber praktisch nicht vorhanden) ist. Je nach Gefügeausbildung und Wärmebehandlung können die Zugfestigkeiten von Kugelgraphitguß zwischen 55 und 100 kg/mm² liegen.

Die günstigen Eigenschaften, verbunden mit der wirtschaftlichen Formgebung durch Gießen und erreichbaren Stückgewichten von bisher 50 t, eröffnen dem Kugelgraphitguß ein sehr weites Anwendungsgebiet für Groß- und Kleinteile im Maschinenbau.

24. Temperguß

Temperguß ist wie Grauguß ein Eisen zweiter Schmelzung, das aus Roheisen, Gußabfällen und Stahlschrott mit geeigneten Zuschlägen zusammengeschmolzen und in Formen vergossen wird. Dieser Temperrohguß erstarrt vorwiegend graphitfrei, ist also ein weißes Gußeisen mit einem Kohlenstoffgehalt zwischen 2 und 3,5%. Die Rohgußstücke sind sehr hart und spröde, nicht schmiedbar und kaum bearbeitbar. Erst die Nachbehandlung durch langzeitiges Glühen (Tempern) bewirkt eine Gefügeumwandlung, der der Temperguß seine bevorzugte Verwendung für hochwertige Massenartikel kleinerer Abmessungen verdankt. Durch das Glühen wird entweder eine (teilweise bis vollständige) Entkohlung erzielt, so daß das Bruchgefüge weiß erscheint: weißer Temperguß, oder der Kohlenstoff lagert sich als Temperkohle im Gefüge ein und gibt dem Bruch ein schwarzes Aussehen: schwarzer Temperguß. Vielfach wird die Entkohlung auf die Randzonen beschränkt, während der Kern von Temperkohle durchsetzt ist; dieser Übergang zwischen weißem Temperguß und Schwarzguß wird als Schwarzkernguß bezeichnet. Weißer Temperguß hat (besonders bei größeren Wanddicken) eine höhere Festigkeit als Schwarzguß. Die vollständige Entkohlung läßt sich aber nicht immer erreichen.

Das Prinzip des Tempergusses war schon zu Ende des 17. Jahrhunderts bekannt, jedoch wurde eine technische Erzeugung größeren Umfangs in den eisenverarbeitenden Ländern erst im ersten Viertel des 19. Jahrhunderts aufgenommen. Das Ziel war dabei, einen zur wirtschaftlichen Herstellung von Massenartikeln geeigneten Werkstoff mit höherer Festigkeit als Gußeisen zu erhalten, das wegen seiner Sprödigkeit für dünne Querschnitte nur sehr geringe Beanspruchungen zuläßt.

241. Herstellung des Rohgusses

Grundsätzlich gilt über den Einfluß der *Eisenbegleiter* das gleiche, was schon im Abschnitt 232 beim Grauguß gesagt wurde. War dort in erster Linie die Bedeutung für die Graphitausscheidung bei der Erstarrung der Schmelze (Si, Mn) erwähnt, so ist für den Temperguß auch der Einfluß auf die Umwandlung während des Glühens zu beachten, bei dem ein Zerfall des Eisenkarbids in Eisen und Temperkohle einerseits und eine Entkohlung anderseits angestrebt wird. So fördert Silizium nicht nur beim Grauguß die Graphitausscheidung, sondern es begünstigt ganz allgemein den Zerfall des Fe_3C und verzögert die Entkohlung. Da die Graphitausscheidung außerdem von der Wandstärke (Abkühlungsgeschwindigkeit) abhängig ist, muß der Si-Gehalt besonders sorgfältig nach dem Kohlenstoffgehalt und der Gestalt der Gußstücke abgestimmt werden, damit der Rohguß weiß erstarrt und beim Tempern der Karbidzerfall und die Entkohlung entsprechend verlaufen. Die Siliziumgehalte im Temperrohguß können bis 1,4% gehen (Summe C + Si nicht über 3,9%), für weißen Temperguß liegen sie niedriger als für schwarzen. Für den sogenannten Bohrguß, bei dem zur Erzielung besserer Bearbeitbarkeit eine geringe Graphitausscheidung erwünscht ist, muß der Si-Gehalt höher sein.

Mangan verhindert nicht nur die Graphitausscheidung beim Erstarren der Schmelze, sondern verzögert den Zerfall des Eisenkarbids und die Entkohlung beim Tempern. Man rechnet für Temperrohguß mit Mangangehalten bis etwa 0,5%. Phosphor beeinflußt weder die Graphitbildung noch den Tempervorgang. Schwefel dagegen wirkt verzögernd auf den Zerfall des Eisenkarbids.

Die *Gattierung* des Schmelzeinsatzes muß also unter Berücksichtigung dieser Einflüsse vorgenommen werden. Man verwendet dazu Hüttenroheisen mit möglichst niedrigem Kohlenstoff- und entsprechendem Gehalt an den anderen Eisenbegleitern. Solche Roheisensorten sind als Temperroheisen im Handel. Zur Regulierung der Zusammensetzung werden andere Roheisensorten und, ebenso wie beim Grauguß, Stahlschrott zugesetzt. Außerdem werden Rohgußabfälle, die in der Tempergießerei in verhältnismäßig großer Menge anfallen, und Tempergußabfälle mitverarbeitet. Wie beim Grauguß kann man auch beim Gattieren der Temperrohgußschmelzen Ferro-Silizium- und Ferro-Mangan-Briketts (Pakete) zugeben, um den erforderlichen Gehalt an Si und Mn einzustellen.

Zum *Schmelzen* des Einsatzes werden die gleichen Öfen und Verfahren angewandt wie für die Graugußherstellung. Im Gießerei-Schachtofen arbeitet man im allgemeinen am wirtschaftlichsten, er wird vorzugsweise mit Vorherd verwendet, weil hier die Schmelze noch nachbehandelt werden kann. Bei ununterbrochenem Betrieb bewährt sich der Siemens-Martin-Ofen, der einen hochqualifizierten Guß liefert. Im Elektroofen wird ebenfalls ein sehr hochwertiger Guß hergestellt, da die Zusammensetzung der Schmelze gut zu beherrschen ist. Vielfach dient der Elektroofen auch hier zur Nachbehandlung des Schmelzgutes aus dem Gießerei-Schachtofen, das auf diese Weise raffiniert und überhitzt werden kann.

Das *Vergießen* wird möglichst so eingerichtet, daß aus einer Schmelze Gußstücke mit annähernd gleicher Wandstärke gegossen werden, weil die Abkühlungsgeschwindigkeit ja bereits bei der Gattierung bzw. bei der Einstellung der Schmelze berücksichtigt wird. Beim gleichzeitigen Vergießen unterschiedlicher Wandstärken in aufeinanderfolgenden Gußstücken läßt sich gegebenenfalls der Siliziumgehalt der Schmelze noch in der Gießpfanne durch Zugabe von Ferrosilzium korrigieren. Die Gußstücke selbst sollen in sich keine großen Wandstärkenunterschiede aufweisen, damit sie gleichmäßig getempert werden können.

242. Nachbehandlung (Tempern)

Durch die Nachbehandlung wird der Temperrohguß, dessen Gefüge vorwiegend aus dem Eutektikum Ledeburit und Zementit besteht (Abb.14), entweder in schwarzen Temperguß

(Abb. 15) oder in weißen Temperguß (Abb. 16) umgewandelt. Es muß also dafür gesorgt werden, daß das vorhandene Eisenkarbid auf jeden Fall ganz oder teilweise in seine Bestandteile Eisen und Kohlenstoff, hier in Form von Temperkohle, zer-

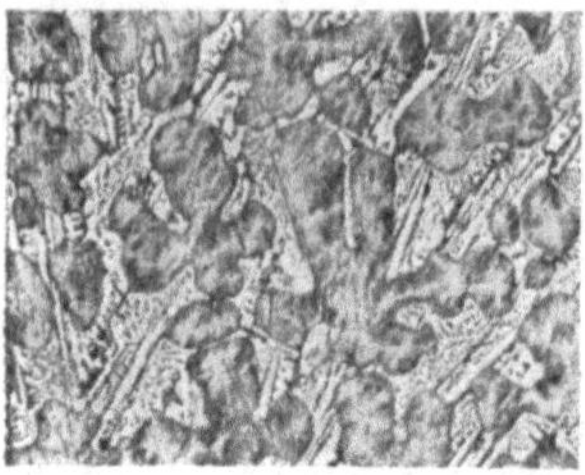

Abb. 14. Gefüge von Temperrohguß. (V = 150)

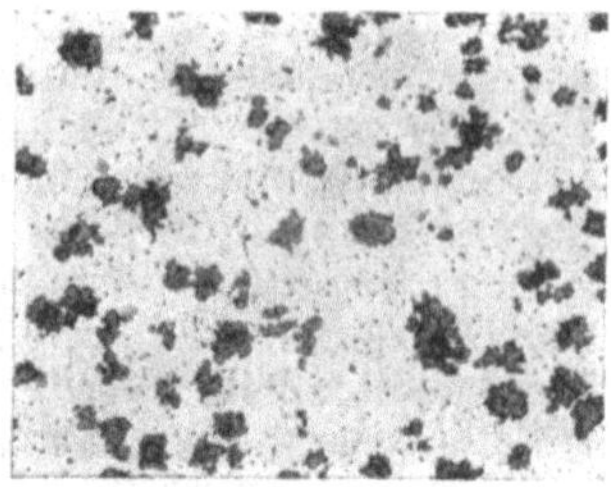

Abb. 15. Gefüge von schwarzem (ferritischem) Temperguß. (V = 150)

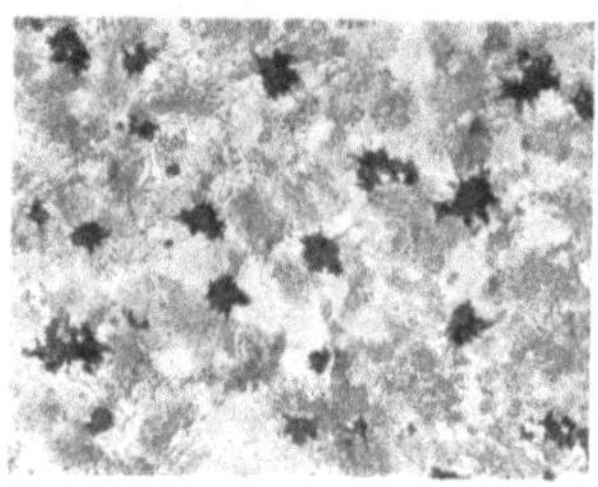

Abb. 16 Gefüge von weißem (perlitischen) Temperguß. (V = 150)

legt wird, und daß für den Fall des Weißgusses dieser Kohlenstoff bei seiner Entstehung aus dem Gußstück herausdiffundiert.

Dies erreicht man durch langzeitiges Glühen der Rohgußstücke bei Temperaturen von 900 bis über 1000°. Die Glühdauer beträgt im allgemeinen 100 Stunden und mehr, sie kann jedoch durch besondere „Glühprogramme“, die allerdings sehr genaue Temperaturregelung erfordern, auf etwa die halbe Zeit verkürzt werden. Das Glühen wird in Tunnelöfen oder Kammeröfen mit Steinkohle-, Kohlenstaub-, Gas- oder Ölfeuerung oder in elektrischbeheizten Haubenöfen vorgenommen. Die Tunnelöfen haben den Vorteil des kontinuierlichen Betriebes, die Elektro-Haubenöfen sind leichter zu regeln, besonders für die Schnelltemperverfahren. In allen Fällen muß das Glühgut gegen die Ofenatmosphäre geschützt werden, da es sonst stark verzundert.

Das *nichtentkohlende Glühen* zur Erzielung des schwarzen Tempergusses wird deshalb in einer neutralen Umgebung vorgenommen. Meist werden die Gußstücke in sogenannten Tempertöpfen in eine dichte Packung von Quarzsand oder Gußspänen eingebettet, die gleichzeitig das Verziehen verhindert. In dicht schließenden Tempertöpfen, und wenn keine Gefahr des Verzugs besteht, kann auch ohne Packung mit Schutzgas geglüht werden. Ein offenes Glühen ohne Tempertöpfe in Schutzgas ist nur in elektrisch beheizten Haubenöfen, nicht in gasbeheizten Öfen möglich.

Bei dieser Glühbehandlung soll also der ausfallende Kohlenstoff nicht vergasen (Schwarzguß, sowie Bohrguß mit bereits im Rohguß vorhandenen geringen Graphitanteil). Wenn der Rand entkohlt sein soll, erzeugt man den „Schwarzkernguß" durch leicht oxydierende Glühbedingungen. Der handelsübliche schwarze Temperguß mit seinen Abarten enthält die Temperkohle in rein ferritischer Grundmasse, ist also bis zum vollständigen Zerfall des Eisenkarbids geglüht. Man kann jedoch auch ein perlitisches Grundgefüge erreichen, wenn man das Glühen kurz vor dem Zerfall des Perlits abbricht.

Für das *entkohlende Glühen* zur Herstellung des weißen Tempergusses werden die Gußstücke ebenfalls in eine Packung oder in eine Gasatmosphäre gebracht, die aber diesmal oxydierend wirken müssen, um den Kohlenstoff zu verbrennen. Man nennt diese Glühbehandlung, die (ähnlich wie die Verfahren der Stahlerzeugung) eine Entkohlung bewirkt, auch Glühfrischen. Die sauerstoffabgebende Packung besteht aus gemahlenen, sauerstoffreichen Eisenerzen, die beim Erhitzen O_2 abspalten und damit den aus dem Eisenkarbid aus-

Zahlentafel 2: Tempergußsorten nach DIN 1692

Güteklasse	Maßgebende Wanddicke des Gußstücks mm	Markenbezeichnung nach DIN 17006	Markenbezeichnung bisher	Streckgrenze ($\sigma_{0,2}$) kg/mm²	Zugfestigkeit kg/mm²	Bruchdehnung (L_{ι}=3d) %	Brinellhärte (HB 30/5) kg/mm²	spez. Gewicht	Schwindmaß %
handelsüblicher Temperweißguß	4 bis 9 über 9 bis 13 über 13 bis 18 über 18 bis 40	GTW 35	TeG 92	— — — —	34 35 36 36	6 4 3 3	(bis 6 mm) 125—160 Rand→Kern (über 6 mm) 125—220	(7,2—7,6) 7,4	1—2
hochwertiger Temperweißguß	4 bis 9 über 9 bis 13 über 13 bis 18 über 18 bis 40	GTW 40	TeW 92	21 22 22 22	38 40 41 41	10 5 3 3			
handelsüblicher Temperschwarzguß	alle Wanddicken	GTS 35	—	—	35	10	Rand→Kern 120—140		0—1
hochwertiger Temperschwarzguß	alle Wanddicken	GTS 38	TeS 92	22	38	12			

fallenden Kohlenstoff zu CO_2 binden. Der Vorgang beginnt in den Randzonen, die zuerst entkohlt und nun laufend so lange aus dem Kerngefüge „nachgekohlt" werden, bis der gesamte Kohlenstoff „vergast" ist. Ähnlich spielt sich der Prozeß beim entkohlenden Glühen in Gasatmosphäre, beim „Gasglühfrischen" ab, bei dem meist höhere Temperaturen angewandt werden als beim „Erzglühfrischen". In beiden Fällen kann, wie beim nicht entkohlenden Glühen, die Auflösung des Eisenkarbids vollständig oder nur bis zur Perlitbildung getrieben werden. Das Gasglühfrischen wird ausschließlich „offen", d. h. ohne Verwendung von Tempertöpfen, in den für die Erzeugung der Gasatmosphäre geeigneten Öfen vorgenommen.

243. Eigenschaften und Anwendung

Die kennzeichnenden Eigenschaften für die normalen Tempergußsorten sind in DIN 1692 zusammengefaßt. Zahlentafel 2 gibt einen Auszug aus diesem Normblatt, aus dem zugleich die Bezeichnungen für die Standardsorten zu entnehmen sind. Die hier angegebenen Kennwerte werden durch Sonderbehandlungen weit übertroffen, z. B. können für perlitischen Schwarzguß Zugfestigkeiten bis 70 kg/mm² bei etwa 2% Bruchdehnung erreicht werden. Die Brinellhärte von Schwarzguß läßt sich durch Anwendung einer Oberflächenhärtung bis auf 600 kg/mm² steigern.

Die Schwingungsfestigkeit bei Biegung wurde für weißen Temperguß mit $\pm$ 14 bis 16, für Schwarzguß mit $\pm$ 12 bis 15 kg/mm² ermittelt. Die Kerbempfindlichkeit ist bei schwarzem wie bei weißem Temperguß verhältnismäßig gering. — Bemerkenswert ist die geringe Rostanfälligkeit, die den Temperguß vor allen anderen Eisenlegierungen auszeichnet.

Die Schwindung des Rohgusses (2%) wird zum Teil durch eine Volumenvergrößerung, die beim Zerfall des Eisenkarbids eintritt, wieder aufgehoben. Beim Schwarzguß ist deshalb die effektive Schwindung kleiner als beim weißen Temperguß. Die Bearbeitbarkeit des schwarzen Tempergusses (nicht nur des Bohrgusses) ist besser als die des weißen. Weißer Temperguß ist härtbar und vergütbar, wenn er noch einen Perlitanteil enthält. Völlig entkohlter weißer Temperguß kann aber einsatzgehärtet werden, schwarzer Temperguß ist ohne besondere Aufkohlung oberflächenhärtbar. Schweißen läßt sich Temperguß um so besser, je weniger Temperkohle er enthält, weil an den Schweißstellen eine Rückbildung des Kohlenstoffs zu Eisenkarbid und damit Versprödung eintritt. Weißer Temperguß ist deshalb sehr gut, schwarzer bedingt schweißbar.

Die Anwendung von Temperguß ist infolge seiner Eigenschaften außerordentlich vielseitig. Sie erstreckt sich allerdings in Europa hauptsächlich auf kleinere Teile mit geringen Wandstärken, in den USA sind dagegen auch große Tempergußstücke mit Gewichten von 100 kg und mehr keine Seltenheit. Der amerikanische Temperguß ist zum überwiegenden Teil Schwarzguß, in Europa wird der weiße Temperguß bevorzugt. Im allgemeinen richtet sich die Frage, ob schwarzer oder weißer Temperguß verwendet wird, nach der Art der Gußstücke (Wanddicke), ihrer mechanischen Beanspruchung und der Notwendigkeit einer spangebenden Bearbeitung.

Mit weißem Temperguß erreicht man für dünnwandige Teile etwa die Festigkeit und Zähigkeit eines einfachen Baustahls (St 37) bei bedeutend wirtschaftlicherer Herstellung als für entsprechende Walz- oder Schmiedeteile. Dies ermöglicht die Verwendung für Fahrrad-, Motorrad- und Automobilteile, ebenso wie für Teile in Textil-, landwirtschaftlichen und sonstigen Maschinen. Das größte Anwendungsgebiet dürften die Rohrverbindungsstücke sein, die sogenannten Fittings, die in allen Abmessungen und Ausführungen aus Temperguß hergestellt werden. Beschläge, Scharniere, Schraubenschlüssel und andere Werkzeuge, Unterlagscheiben, Stellringe gehören zu den billigen Massenartikeln aus Temperguß; am volkstümlichsten sind wohl die Schlüssel und Schloßteile, die aus Bohrguß gefertigt werden (aber freilich keine eigentlichen Elemente des Maschinenbaues sind).

25. Stahl

In den vorangehenden Abschnitten war gezeigt, wie das Hochofenroheisen durch Umschmelzen mit geeigneten Zusätzen so weit „gefeint“ wird, daß es zu technisch brauchbaren

Formteilen vergossen werden kann. Der Grauguß und der Temperrohguß haben aber noch einen nicht viel geringeren Kohlenstoffgehalt als das Roheisen selbst, sie sind deshalb spröde und nicht verformbar. Erst durch das Glühfrischen wird bei der Herstellung des weißen Tempergusses der Kohlenstoff im fertigen Gußstück vermindert bis ganz beseitigt, so daß es in gewissen Grenzen schmiedbar wird. Das Ziel ist nun, ein ohne Nachbehandlung schmiedbares Eisen zu erhalten, für das nach allem bisher Gesagten die Voraussetzung ein niedriger Kohlenstoffgehalt (unter 2%) ist. Bei der Stahlerzeugung handelt es sich demnach zunächst um eine Herabsetzung des Gehaltes an Kohlenstoff und auch an sonstigen Eisenbegleitern im Roheisen, des weiteren gegebenenfalls um ein Zulegieren von anderen Legierungselementen, die die Eigenschaften in bestimmten Richtungen verbessern können, und schließlich um ein Durchkneten des so gewonnenen Rohstahls durch Walzen, Schmieden, Ziehen usw.

251. Stahlerzeugung

Die Umwandlung des Roheisens mit seinem Kohlenstoffgehalt von 3 bis 5% in Stahl mit unter 2% C und niedrigem Gehalt an sonstigen Eisenbegleitern wird als „Frischen" bezeichnet. Man unterscheidet grundsätzlich das Windfrischverfahren im Konverter, bei dem der Schmelze von außen keine Wärme zugeführt zu werden braucht, und das Herdfrischverfahren mit äußerer Wärmezufuhr.

Das Windfrischen wird in einem feuerfest ausgefütterten Stahlblechbehälter vorgenommen, den man als Konverter oder wegen seiner Gestalt auch als Birne bezeichnet (Abb. 17). Der Konverter ist um eine horizontale Achse drehbar und hat im Boden eine Anzahl von Düsen, durch die aus einem gemeinsamen Windkasten der Wind, das ist vorgewärmte Luft oder Sauerstoff, eingeblasen werden kann. In Abb. 17 ist die Arbeitsweise angedeutet: nach dem Einfüllen des Roheisens wird der Konverter aufgerichtet und dabei gleichzeitig der Wind angestellt, der dann in der Endstellung durch das Eisenbad hindurch bläst. Der Luftsauerstoff oxydiert dabei das in der Schmelze befindliche Silizium und Mangan, die schon bei niedrigeren Temperaturen verbrennen. Die dabei entstehende Reaktionswärme erhöht die Temperatur des gesamten Bades, so daß nun auch der schwerer verbrennende Kohlenstoff oxydiert und aus der Schmelze entweicht. Die verbrennenden Gase treten als helle Flammen oben aus dem

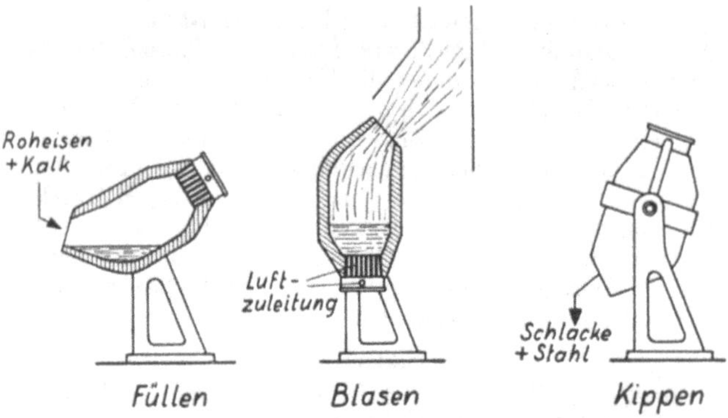

Abb. 17. Schematische Darstellung eines Konverters und seiner Arbeitsweise

Konverter heraus und werden in den Kamin geleitet; andere Reaktionsprodukte lagern sich in der Schlacke ab. Die ständig ansteigende Reaktionswärme erhitzt das Bad immer mehr und bewirkt, daß es stets über dem mit abnehmendem C-Gehalt immer höher werdenden Schmelzpunkt (vgl. Eisen-Kohlenstoff-Diagramm, Linie *CBA*) gehalten wird. Nach Beendigung des Frischens (je nach Größe der Birne und gewünschtem Kohlenstoffgehalt etwa 15 bis 20 Minuten) wird der Konverter wieder in die waagerechte Lage gedreht und die Schmelze durch Zugabe von Ferromangan und Ferrosilizium desoxydiert und entgast.

Die erste Konverterausführung war die *Bessemer-Birne.* Sie ist mit einem „sauren Futter" versehen, d. h. mit einer feuerfesten Auskleidung z. B. aus Quarzsand (Kieselsäure), die den Ablauf der Reaktion beeinflußt. Die heute in Mitteleuropa für die Stahlerzeugung hauptsächlich verwendete

Thomas-Birne hat dagegen ein basisches Futter, meist aus Dolomit besteht.

Das Herdfrischen besteht im Ablauf ähnlicher Reaktionen, wie sie im Konverter vor sich gehen, die aber durch von außen zugeführte Wärme in gas- oder elektrisch beheizten Herdöfen eingeleitet werden. Sie bedürfen deshalb nicht unbedingt, wie der Konverter, eines schmelzflüssigen Einsatzes, sondern können vor dem Frischen zum Aufschmelzen des festen Einsatzes dienen. Daher werden sie nicht so sehr zum Umwandeln von Roheisen in Stahl, als vielmehr vorwiegend zum Umschmelzen und Feinen von Stahlschrott und zum Herstellen legierter Stahlsorten verwendet.

Als gasbeheizter Herdofen kommt hierbei fast ausschließlich der *Siemens-Martin-Ofen* in Frage, in dem man durch die sogenannte Siemens-Regenerativ-Feuerung oder neuerdings durch die Rekuperativ-Feuerung eine außerordentlich hohe Verbrennungstemperatur des brennbaren Gemisches aus Gas und Luft erzielt. Bei der *Regenerativ-Vorwärmung* werden die heißen Abgase des Ofens durch ein Steinröhren-System geleitet und heizen es auf. Gas und Verbrennungsluft werden durch die erhitzten Röhren (je eine Röhrenkammer für Gas und Luft) geblasen und nehmen die dort aufgespeicherte Wärme auf, während gleichzeitig die Abgase ein zweites Kammernpaar aufheizen (Abb. 18). Es muß also (ähnlich wie bei den beiden Winderhitzern am Hochofen) in bestimmten Zeitabständen umgesteuert werden. Diesen Wechsel der Strömungsrichtung und damit auch der Flammenrichtung im Ofen vermeidet die *Rekuperativ-Vorwärmung*, bei der Gas und Verbrennungsluft in ständig gleicher Richtung an Stahlrohrsystemen vorbei geleitet werden, die ihrerseits in Gegenrichtung ständig von den Abgasen durchströmt sind, so daß der Wärmeaustausch kontinuierlich vor sich gehen kann.

Der Herd des Siemens-Martin-Ofens kann sauer oder basisch ausgekleidet werden. Die nach dem Aufschmelzen des Einsatzes eintretenden exothermen Reaktionen bewirken eine zusätzliche Erwärmung, die das Bad heftig aufwallen („kochen") läßt. Dadurch entsteht eine gute Durchmischung und eine innige Berührung des ganzen Bades mit den oxydierenden Verbrennungsgasen. Bei der Bemessung des Einsatzes wird der Abbrand an Kohlenstoff- und Eisenbegleitern berücksichtigt. Ist der gewünschte Kohlenstoffgehalt erreicht, so wird der Prozeß abgebrochen und die Schmelze desoxydiert

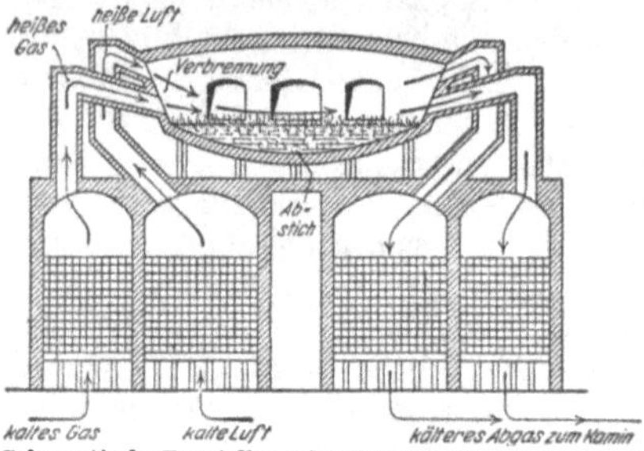

Abb. 18. Schematische Darstellung des Siemens-Martin-Ofens mit Siemens-Regenerativfeuerung

(z. B. durch Zugabe von Ferromangan). Auch Legierungsmetalle wie Chrom, Wolfram, Molybdän können nach der Desoxydation in kleineren Mengen in den Ofen oder in die Gießpfanne gegeben werden.

Der *Elektro-Ofen* wird in noch stärkerem Maße als der Siemens-Martin-Ofen bei der Stahlerzeugung vorwiegend als Umschmelzofen verwendet, d. h. weniger zum Umwandeln von Roheisen in Stahl als zum Umschmelzen und Feinen von Stahlschrott sowie zum Herstellen hochlegierter Stähle. Wie beim Siemens-Martin-Ofen kann aber bei Zusatz von Roheisen oder Gußabfällen dem Feinen auch hier ein Frischen vorausgehen.

Die häufigsten Ausführungsarten des Elektroofens sind der Lichtbogenofen und der Induktionsofen, die beide sauer oder basisch ausgekleidet werden können. Über dem flachen Herd befinden sich beim Lichtbogenofen (Abb. 19) die Kohle- oder Graphitelektroden, die den Strom durch den Einsatz bzw. das Bad leiten. Der ganze Ofen wird kippbar angeordnet, um den Abstich zu erleichtern. Beim Induktionsofen ist der Herd tiegelförmig (also nicht flach) ausgebildet und von einer

Induktionsspule umgeben. Er wird meist mit saurer Auskleidung ausschließlich als Umschmelzofen verwandt und ist besonders für die Herstellung sehr niedrig gekohlter Stähle geeignet, während beim Lichtbogenofen eine Aufkohlung durch die Elektroden nicht zu vermeiden ist. In beiden Elektroöfen läßt sich die Atmosphäre über dem Bad und damit die Zusammensetzung der Schmelze sehr genau beherrschen, weshalb sie besonders für die Erzeugung hochwertiger legierter Stähle verwendet werden.

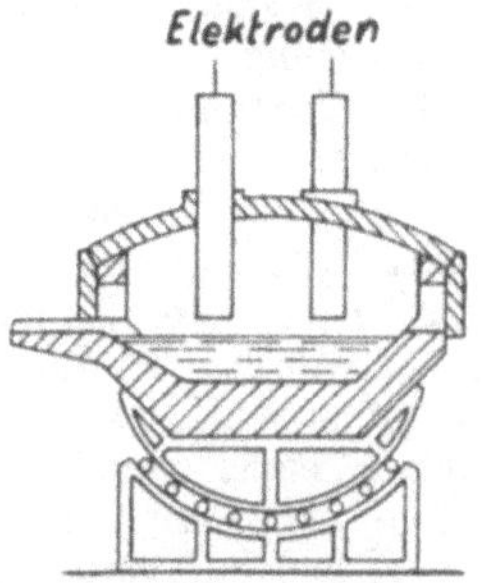

Abb. 19. Schematische Darstellung eines Elektro-Lichtbogen-Ofens (Hérouldt-Ofen)

Die Elektro-Öfen haben daher die frühere *Tiegelstahlerzeugung* fast vollständig verdrängt, ein reines Umschmelzverfahren zur Herstellung hochwertiger Stähle: in verschlossenen Graphittiegeln unter Luftabschluß wird der Stahl mit den Legierungselementen in einem gasgefeuerten Schmelzofen zusammengeschmolzen, wobei sich die chemische Zusammensetzung gegenüber der des Einsatzes kaum verändert.

Der nach den verschiedenen Verfahren erzeugte schmelzflüssige Stahl fließt beim Abstich des Ofens in Gießpfannen, große Stahlblechkübel, die natürlich auch feuerfest ausgekleidet sein müssen. Mit dem Kran wird die Pfanne zur Gießgrube gebracht, wo der Stahl in gußeiserne Kokillen zu zylindrischen oder prismatischen Blöcken abgegossen wird. Diese Rohstahlblöcke müssen nun noch „durchgeknetet" werden, bevor man sie als fertigen Stahl verwenden kann.

Dieses *Kneten* bewirkt eine Verfeinerung des Gefüges und sorgt für ein Herausarbeiten etwa in dem Block vorhandener Schlackeneinschlüsse oder Seigerungen (Stellen, an denen beim Schmelzen oder Erstarren eine Entmischung eingetreten ist). Die Blöcke werden daher meist gleich nach dem Erstarren noch im glühenden Zustand entformt und unter dem hydraulischen Schmiedehammer durchgeschmiedet oder im Walzwerk zu Halbzeug (Schienen, Profilstahl, Bleche) weiterverarbeitet. Diese Behandlung dient also nicht nur der Formgebung, sondern sie bewirkt das zur Fertigstellung eines guten Stahls unbedingt erforderliche Durchkneten. Die Verformung kann nur in kleinen Etappen vor sich gehen, so daß der Stahlblock mehrmals durch die Walze oder nacheinander durch verschiedene Walzen, zum Schluß durch Profilwalzen, laufen muß, bis er die endgültige Gestalt, z. B. einer Eisenbahnschiene oder eines T-Trägers erreicht hat. Da das Walzgut bei diesem Prozeß immer länger wird und sehr lange Strecken zu durchlaufen hat, sind die Walzen in sogenannten Walzenstraßen angeordnet. Das Walzen muß mit ausreichender Geschwindigkeit vor sich gehen, damit der Stahl, bis er seine endgültige Gestalt erreicht hat, genügend warm und gut verformbar bleibt. Sehr dünne Querschnitte (Bleche) lassen sich nicht auf Temperatur halten. Die dadurch bedingte Kaltverformung bringt eine Verfestigung mit sich, die teils erwünscht ist, teils aber während des Walzens so weit gehen kann, daß sie durch Zwischenglühungen (siehe Abschn. 252) wieder rückgängig gemacht werden muß. Die Größe der Blechtafeln ist dann durch die Abmessungen der Glühöfen beschränkt. Drähte werden aus vorgewalztem Rundmaterial gezogen, wobei die notwendigen Zwischenglühungen in Durchlauföfen vorgenommen werden können.

252. Wärmebehandlung der Stähle

Auf Grund des Herstellungsprozesses weist der Stahl ein Erstarrungsgefüge auf, das zwar durch das Kneten in seiner Kristallstruktur (z. B. Strecken der Kristalle in einer Richtung: Walzstruktur), nicht aber in seinem atomaren Aufbau verändert werden kann. Sofern nur Kohlenstoff als Legierungspartner vorhanden ist, liegt also der α-Gitteraufbau mit den unterhalb der „Perlitlinie“ *P-S-(K)* im Eisen-Kohlenstoff-Diagramm charakteristischen Gefügeformen vor (vgl. Abb. 7—9). Bei der Betrachtung dieses Diagramms in Abschnitt 22 war gezeigt worden, wie von diesen Gefügeformen ausgehend durch Erwärmung die einzelnen Umwandlungen erzielt werden. Dabei waren verhältnismäßig geringe Geschwindigkeiten der Temperaturänderung (sowohl für die

Erwärmung als auch für die Abkühlung) vorausgesetzt, wie sie normalerweise beim Erkalten glühender Stücke auftreten. Durch Vergrößerung dieser Geschwindigkeiten (insbesondere beim Abkühlen) lassen sich die Umwandlungen beeinflussen, weshalb dieses Vorgehen für die Wärmebehandlung der Stähle ausgenutzt wird. Es war weiter schon erwähnt, daß durch die Einwirkung von Legierungszusätzen die Umwandlungslinien im Diagramm „verschoben" werden. Die Wärmebehandlung der *legierten Stähle* vermag daher noch weitere Effekte zu erzielen als die der reinen *Kohlenstoffstähle*. Je nach den angewandten Methoden und der gewollten Wirkung unterscheidet man bei der Wärmebehandlung das Glühen, das Härten und das Vergüten.

2521. *Glühen*

Durch die Knetbehandlung (Walzen, Schmieden, Ziehen) werden die Kristalle verformt. Ist hierbei die Temperatur nicht genügend hoch, so können sie sich nicht zurückbilden (rekristallisieren), und es entsteht eine innere Verspannung im Gefüge (Kaltverfestigung). Durch das *Spannungsfreiglühen* auf Temperaturen von 500 bis 700° mit anschließendem langsamen Abkühlen werden diese Spannungen beseitigt, ohne daß eine grundsätzliche Änderung des Gefügeaufbaues eintritt.

Ein Gefüge, das dem bei normaler Abkühlung entspricht, wird durch das *Normalglühen* (Normalisieren) erreicht, das in einem Erwärmen auf Temperaturen kurz oberhalb *G-O-S* und anschließendem Abkühlen besteht. Dadurch wird eine Umwandlung vom α- in den γ- und wieder zurück in den α-Zustand bewirkt, die das Gefüge „normalisiert". Das Normalglühen wird auch angewandt, wenn der Stahl während seiner Verarbeitung — z. B. auch durch eine, etwa dem Härten dienende Wärmebehandlung — „überhitzt" worden ist, d. h. wenn er zu lange auf zu hohen Temperaturen gehalten wurde. Überhitzter Stahl weist ein sehr grobkörniges Gefüge auf und ist spröde und schlecht zu verarbeiten.

Das *Weichglühen* wird nur bei perlitischen (Werkzeug-) Stählen vorgenommen und bezweckt im Gegensatz zu den beiden obigen Glüharten eine Auflösung des „normalen“ Gefüges, das ja in dem betrachteten Gebiet aus lamellarem Perlit mit oder ohne Zementiteinlagerungen besteht. Durch länger anhaltendes Glühen knapp unterhalb der Perlittemperatur (721°) oder durch Pendeln um diese Temperatur erreicht man, daß sowohl die Zementiteinlagerungen als auch die Zementitlamellen des Perlits sich zu kleinen kugeligen Körnern zusammenziehen, die gleichmäßig das ganze Gefüge durchsetzen (Abb. 20). Ein solches Gefüge mit „körnigem Zementit“ (oder auch „kugeligem Perlit“) ist leicht verformbar und bearbeitbar. Wenn Kaltverformung vorausgegangen ist, bewirkt eine Glühbehandlung im Sinne des Weichglühens auch eine Rückbildung der verformten Kristalle (Rekristallisationsglühen).

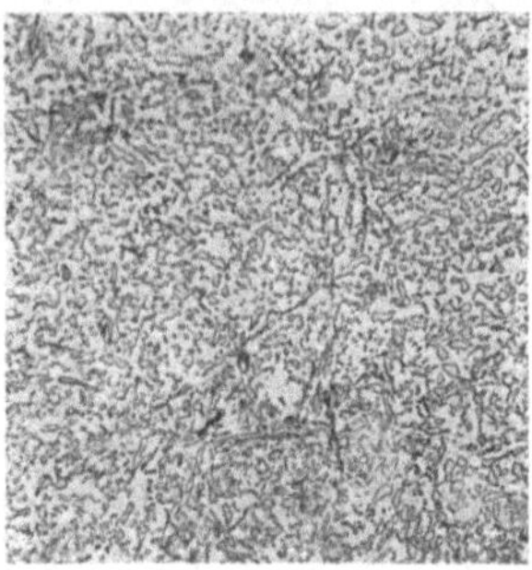

Abb. 20. Kugelige Karbidausbildung (körniger Zementit). (V = 500)

Das Glühen in Luft führt bei höheren Temperaturen zu einer Verzunderung des Stahls, weil er an der Oberfläche Sauerstoff aufnimmt. Dabei wird nicht nur das Eisen angegriffen, sondern insbesondere der Kohlenstoff verbrannt: es entsteht eine „Randentkohlung“.

2522. *Härten und Vergüten*

Wie es durch Glühen gelingt, den Stahl weich zu machen. so läßt sich auch durch geeignete Maßnahmen der Stahl „härten“. Es sei vorweggenommen, daß die Härte durch Verspannungszustände im Gefüge bewirkt wird, etwa solcher Verspannungen, wie sie im vorigen Abschnitt als Folge der Kaltverformung erwähnt waren. Man spricht daher auch von einer *Kalthärtung*, die durch eine Verspannung im Raumgitter infolge Verstreckung der Kristalle beim Kaltverformen, besonders beim Ziehen von Drähten, entsteht. Diese Art der

Härtung sei hier der Vollständigkeit halber erwähnt, obwohl sie nicht unter die Wärmebehandlung gehört.

Die häufigste Form des Härtens ist die *Umwandlungshärtung*, die auf einer Störung des ordnungsgemäßen Ablaufs der γ-α-Umwandlung beruht. Im γ-Bereich befindet sich der Kohlenstoff im flächenzentrierten Eisen in fester Lösung in den Raumzentren der Gitterwürfel. Steht für die Abkühlung genügend Zeit zur Verfügung, so gruppieren sich die Eisenatome erwartungsgemäß zum raumzentrierten α-Gitter um und verdrängen dabei das Kohlenstoffatom aus dem Würfelzentrum. Durch diese Umstellung entsteht aus dem Austenitgefüge des γ-Gebiets das perlitische Gefüge mit Ferrit- oder Zementiteinlagerungen (unter- bzw. übereutektoid). Wird jedoch (z. B. durch Abschrecken in Wasser) die Abkühlungsgeschwindigkeit erhöht, so kann die Umwandlung nur auf andere Weise vor sich gehen, weil die schnelle Abkühlung der Umordnung des Kristallgitters nicht mehr genügend Zeit läßt. Wenn die „kritische Abkühlungsgeschwindigkeit" überschritten wird, entsteht ein neues Kristallgitter, in dem gewissermaßen ein Zwangszustand innerer Verspannung herrscht. Dieser Zustand wirkt sich nach außen als erhöhte Härte aus. Das sich bildende feinadrige Härtungsgefüge wird als Martensit bezeichnet (Abb. 21). Bei langsamerer Abkühlung erhält man Zwischenstufen zwischen dem perlitischen und martensitischen Gefüge[1]), deren Härte natürlich geringer ist. Die übereutektoiden Stähle werden im allgemeinen nicht aus dem reinen γ-Gebiet, sondern aus dem Übergangsgebiet unterhalb

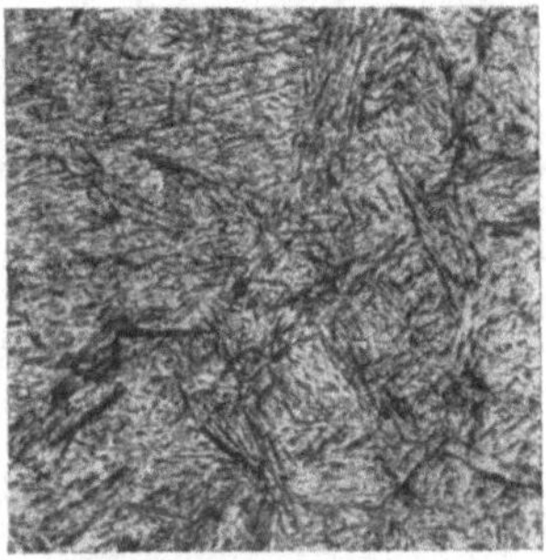

Abb. 21. Martensit. (V = 500)

[1]) Die für diese Zwischengefüge verwendeten Bezeichnungen Sorbit und Troostit verschwinden allmählich aus dem Sprachgebrauch der Metallurgen, ebenso wie die Bezeichnung Hardenit für den strukturlosen Martensit.

der Linie *S-E* abgeschreckt, der Zementit wird vor dem Härten durch Weichglühen in feine Körnchen aufgelöst. Die üblichen Härtungstemperaturen liegen demnach etwa 50° über *G-O-S-K*. Die Härtung kann durch „Anlassen", das ist Erwärmen auf Temperaturen zwischen 200 und 400°, teilweise wieder rückgängig gemacht oder gemildet werden. Bei großen Querschnitten nimmt die Abkühlungsgeschwindigkeit nach dem Kern zu ab. Sie können deshalb nicht „durchhärten".

Die Härte des Martensits steigt mit dem Kohlenstoffgehalt. Kohlenstoffstähle sind daher erst bei C-Gehalten oberhalb etwa 0,4% härtbar. Randentkohlte Stähle werden aus diesem Grund beim Abschrecken von Härtetemperatur nicht hart. Daß niedriggekohlte Stähle einer Umwandlungshärtung nicht zugänglich sind, wird aber andererseits bei der *Oberflächenhärtung* ausgenutzt, d. h. zur Herstellung von Werkstücken (besonders Werkzeugen), die an der Oberfläche hart und verschleißfest, im Kern aber weich und zäh sein sollen.

Man verwendet C-arme Stähle (0,15—0,2%) und kohlt die Oberfläche bis zu einer Tiefe von 2 mm auf, indem man den Stahl in einem kohlenstoffabgebenden Mittel längere Zeit glüht. Das kann entweder in Packungen von Kohle oder anderen festen Zementationsmitteln oder durch Eintauchen in flüssige Bäder oder in Gasatmosphäre geschehen. Die aufgekohlte Oberfläche kann dann gehärtet werden, während der kohlenstoffarme Kern weich bleibt. Diese Art der Umwandlungshärtung wird *Einsatzhärtung* genannt.

Eine andere Möglichkeit, die Umwandlungshärtung auf die Oberfläche oder auf bestimmte Zonen zu beschränken, besteht darin, daß an einem härtbaren, also höher gekohlten Stahl nur die Oberfläche oder Teile davon auf die Härtetemperatur gebracht werden. Beim Abschrecken tritt dann die Umwandlung nur in diesen Zonen ein, wenn die übrigen Zonen „kalt" geblieben sind bzw. die Härtetemperatur nicht erreicht haben. Hierzu muß natürlich die örtliche Erwärmung und anschließende Abkühlung sehr schnell vor sich gehen. Die Anwendung dieses Verfahrens (z. B. zur Härtung von Zahnflanken an Zahnrädern oder von Laufflächen an Wellen) bedient sich deshalb meist besonderer Maschinen, die speziell für die

Behandlung immer wiederkehrender gleicher Teile eingerichtet sind. Die Erwärmung wird dabei durch Acetylen-Brenner oder durch elektrische Induktionsbeheizung vorgenommen, und die Abschreckung erfolgt unmittelbar danach durch eine Wasserbrause (*Brennstahlhärtung* bzw. *Induktionshärtung*).

Eine Oberflächenhärtung, die allerdings nicht in die Gruppe der Umwandlungshärtungen gehört und auch für reine Kohlenstoffstähle nicht anwendbar ist, beruht auf dem Einführen von Stickstoff in die Stahloberfläche. Der Stickstoff, der besonders durch das Windfrischen im Konverter unvermeidbar in den Stahl hineinkommt, bringt einige nachteilige Erscheinungen wie Blasenbildung beim Erstarren, Versprödung durch Bildung von Nitriden („Alterungsneigung") mit sich, denen durch geeignete Maßnahmen entgegengewirkt werden muß. Die Härte der Nitride kann aber auch gerade zur Oberflächenhärtung ausgenutzt werden. Man erwärmt die fertigbearbeiteten Stahlteile mehrere Tage bei 500° im Ammoniakstrom, wobei der Stickstoff bis zu 1 mm tief in die Oberfläche diffundiert und eine harte Nitridschicht bildet. Ein Abschrecken nach dieser Behandlung ist nicht erforderlich, was den Vorteil hat, daß sich die Teile nicht verziehen. Voraussetzung für die *Nitrierhärtung* ist das Vorhandensein bestimmter Legierungselemente im Stahl, die die Nitridbildung begünstigen (z. B. Chrom, Vanadium u. a.).

Neben die Umwandlungshärtung, die, wie gezeigt wurde, in einer Wechselwirkung zwischen Kohlenstoff und Eisen besteht, tritt (besonders bei legierten Stählen) die *Ausscheidungshärtung*, auch Aushärtung genannt. Bekanntlich wächst das Lösungsvermögen einer Lösung mit zunehmender Temperatur. Die Legierungsbestandteile, die sich bei höheren Temperaturen im Stahl in fester Lösung befinden, scheiden sich bei langsamer Abkühlung entsprechend der abnehmenden Löslichkeit aus und kristallisieren zu eigenen Gefügebestandteilen. Durch schnelles Abkühlen (Abschrecken) erreicht man den Effekt einer unterkühlten Lösung, es bleibt nach der Abkühlung zunächst die Lösungskonzentration der hohen Temperatur erhalten. Erst nach einiger Zeit (beschleunigt etwa durch leichtes Wiedererwärmen) scheiden sich die überschüssigen Bestandteile in feinster Verteilung aus. Diese feindispersen Einlagerungen bewirken wiederum einen Verspannungszustand und erschweren eine Verformung der Kristallkörner, was sich äußerlich als Härte bemerkbar macht. Beim Wiedererwärmen werden die Ausscheidungen zunächst gröber, wodurch die Härte zurückgeht.

Wie schon erwähnt, kann der Umwandlungshärtung ein Anlassen auf niedrige Temperaturen folgen, um Härtespannungen und zu große Sprödigkeit zu beseitigen. Durch Anlassen auf höhere Temperaturen, die bis nahe an die Härtetemperatur herangehen können, tritt ein Zerfall des Martensits ein, der den Härtungseffekt fast bis vollständig wieder rückgängig macht. Man kann also durch eine solche Behandlung alle Härte- und Festigkeitsstufen zwischen dem reinen Martensit und dem normalisierten Gefüge erreichen und macht von diesem „*Vergüten*“ bei Maschinenbaustählen besonders deshalb viel Gebrauch, weil mit dem Härten und der rückläufigen Umwandlung eine Kornverfeinerung verbunden ist, die ein sehr gleichmäßiges Gefüge gewährleistet.

253. Einteilung der Stähle

2531. *Einfluß von Legierungszusätzen*

Die Umwandlungsvorgänge und Gefügeformen bei der Erstarrung aus der Schmelze und bei den Wärmebehandlungen waren bisher unter der Voraussetzung betrachtet worden, daß es sich um Stähle handelt, die nur Kohlenstoff als Legierungsbildner enthalten, für die also die Umwandlungslinien des Eisen-Kohlenstoff-Diagramms nach Abb. 2 gelten. Der Einfluß des Kohlenstoffs als Legierungsbildner dürfte damit deutlich geworden sein. Es war aber schon mehrfach erwähnt worden, daß das Hinzukommen anderer Legierungselemente die Umwandlungslinien verschiebt, so daß sich das Verhalten der Stähle und ihre Gefügeausbildung ändert.

So wird z. B. durch Chrom, Molybdän, Vanadium und andere Elemente sowie durch bewußte Erhöhung des (an sich schon vorhandenen) Silizium-Gehaltes die Ausbildung von γ-Mischkristallen auf ein ganz enges Gebiet begrenzt, und mit höheren Legierungszusätzen reicht das Gebiet des α-Zustandes des Ferrits bis zur Schmelztemperatur. Diese *ferritischen Stähle* erfahren also vom Schmelzpunkt bis Raumtemperatur keinerlei Umwandlung, sie lassen sich deshalb auch durch Wärmebehandlung nicht verändern. Durch Überhitzung grobkörnig gewordene Stähle dieser Art können im Gegensatz zu reinen Kohlenstoffstählen nur durch Warmverformung wieder feinkörnig gemacht werden.

Umgekehrt wird durch andere Legierungselemente, z. B. durch Mangan und Nickel sowie durch Zulegieren von Stickstoff, das α-Gebiet eingeengt und das Gebiet der γ-Mischkristalle bis herunter zur Raumtemperatur ausgedehnt. Durch Erhöhung der Legierungszusätze, die sich in dieser Richtung auswirken, wird die γ-α-Umwandlung ganz unterbunden, so daß auch bei Raumtemperatur noch das α-Gitter des Austenits besteht. Diese *austenitischen Stähle* können also ebenfalls keiner Umwandlungshärtung unterworfen werden.

Die meisten Legierungselemente setzen die kritische Abkühlungsgeschwindigkeit im Falle einer Umwandlungshärtung herab, so daß Martensit-Bildung und damit Härtung schon bei langsamerer Abkühlung und schließlich (bei höheren Legierungszusätzen) schon bei normaler Abkühlung an Luft eintritt. Die reinen *martensitischen Stähle* sind demnach ohne besondere Wärmebehandlung hart und schwer zu bearbeiten; sie können nur durch sehr langes Glühen bearbeitbar gemacht werden. Bei niedrigen Legierungsgehalten erhält man die sogenannten Ölhärter und Lufthärter, die durch mildes Abschrecken in Öl oder im Preßluftstrahl bereits durchgehärtet werden und sich dementsprechend auch bis zum Kern durchvergüten lassen.

Die Bezeichnung *perlitischer Stahl* wird bei den hochlegierten Stählen nur dann gebraucht, wenn die Ausbildung eines perlitischen Gefüges, die hier zu den Ausnahmen gehört, besonders hervorgehoben werden soll. In manchen hochlegierten Stählen findet sich auch der Gefügebestandteil Ledeburit, der bei unlegierten Stählen zu einer solchen Versprödung führt, daß man ihn (d. h. einen entsprechend hohen Kohlenstoffgehalt) immer vermeidet. Auch die legierten *Ledeburit-Stähle* sind schwer schmiedbar, werden aber wegen ihrer großen Härte z. B. für Werkzeuge mit hoher Verschleißbeanspruchung verwendet.

Selbstverständlich haben die Legierungszusätze außer oder zum Teil auch wegen der Veränderung der Gefügeausbildung auch Einflüsse auf die Festigkeit, Verformbarkeit, Temperaturbeständigkeit, Korrosionsbeständigkeit und andere Eigenschaften der Stähle. Es würde den Rahmen dieses Büchleins überschreiten, wollte man die verschiedenen Legierungselemente und die Wirkungen, die sie allein oder zusammen mit anderen in der Legierung auslösen, hier im einzelnen aufführen; sie werden im folgenden bei den Stählen für bestimmte Verwendungsgebiete noch erwähnt. Die Benennung der Stähle nach der Gefügeform dient im übrigen lediglich einer Gruppenzusammenfassung. Häufiger ist die Einteilung im Hinblick auf Legierung, Wärmebehandlung oder Verwendungszweck.

2532. *Kohlenstoffstähle — Legierte Stähle*

Nachdem der Kohlenstoff einen so überragenden Einfluß auf die Eigenschaften der Stähle ausübt, ist es berechtigt, die Stähle ohne besondere Legierungszusätze Kohlenstoffstähle zu nennen und das gesamte Stahlgebiet zu unterteilen in Kohlenstoffstähle und legierte Stähle.

Kohlenstoffstähle enthalten neben etwa 0,1 bis 1,5% Kohlenstoff sowie Eisenbegleitern keine gewollten Zusätze an anderen Legierungselementen. Bis rund 0,6% C werden sie als *Baustähle* verwendet, d. h. als Konstruktionsstähle für den Maschinenbau (und auch im Bauwesen), wofür natürlich auch legierte Stähle in Betracht kommen. Unlegierte Baustähle mit weniger als 0,2% C können nur durch Aufkohlung gehärtet (eingesetzt), dafür aber geschweißt werden, während sie bei höheren Kohlenstoffgehalten auch vergütbar, nicht aber schweißbar sind. Man teilt sie deshalb auch in Einsatz- und Vergütungsstähle auf. Die Kohlenstoffstähle mit mehr als 0,6% C sind verhältnismäßig spröde und erreichen eine hohe Härte, die sie weniger für Baustähle als vielmehr für *Werkzeugstähle* besonders geeignet macht. Durch Erhöhung des Kohlenstoffgehalts lassen sich steigende Härtegrade bei entsprechend abnehmender Zähigkeit erzielen, weshalb für die Werkzeugstähle eine Stufung von weich, zäh, zähhart bis hart im Bereich von etwa 0,7 bis 1,4% C üblich ist.

Legierte Stähle sind alle Stähle, die gewollte Zusätze neben Kohlenstoff und einem eingeschränkten Maß an Eisenbegleitern enthalten. In Zahlentafel 3 wird versucht, einen Überblick über diese Stähle, die Legierungsgehalte und die Merkmale der einzelnen Legierungsgruppen zu geben. Es finden sich dabei auch die Eisenbegleiter Mangan und Silizium, die in höheren Prozentsätzen zulegiert namengebende Legierungspartner bilden.

Auch bei den legierten Stählen ist nach der Verwendung zwischen Baustählen und Werkzeugstählen zu unterscheiden; die Baustähle werden wiederum unterteilt in Einsatzstähle und Vergütungsstähle, sowie Sonderstähle für bestimmte Anwendungszwecke (z. B. Kesselbau). Auf die in den Normen erfaßten Marken der einzelnen Gruppen wird weiter unten (Abschnitt 254) noch eingegangen.

2533. *Bezeichnungsweise für die Eisenwerkstoffe*

Um die Übersicht über das große Gebiet der Stähle zu erleichtern und die Deutung von in der Praxis auftauchenden Markenbezeichnungen zu ermöglichen, sei hier kurz auf die „systematische Benennung für Eisen und Stahl" eingegangen, wie sie in DIN 17006, Blatt 1 bis 9 festgelegt wurde.

Danach werden unlegierte Stähle entweder nach ihrer Zugfestigkeit (in Beibehaltung der früher üblichen Bezeichnungsweise) oder neuerdings bevorzugt nach ihrem Kohlenstoff-Gehalt benannt:

z. B. St 42 unlegierter Stahl mit mindestens 42 kg/mm² Zugfestigkeit,
oder C 35 Kohlenstoffstahl mit 0,35% C.

Der Kohlenstoffgehalt wird also mit dem 100-fachen seines tatsächlichen Betrags angegeben („Multiplikator" 100). Eine ähnliche Verschlüsselung erfahren die Angaben der Legierungszusätze bei legierten Stählen, wobei jedoch für die einzelnen Elemente verschiedene Multiplikatoren gebraucht

Zahlentafel 3: Übersicht über die wichtigsten

Maßgebliche Legierungszusätze							
Co	Cr	Mn	Mo	Ni	Si	V	W
	0,4 –1,5 0,8 –3,0 10 –14 6 –30						
	0,8 –3,0 10 –14	×	×	2 –4 –36			
	0,5 –3,0	0,8 –2,0					×
		0,8 –2,0 10 –14					
				1,5 –5,0 –36			
	×				0,4 –1,0 1,0 –2,0 –15	×	
×	×					×	1 –9
×	×		0,2 –7,0	×		×	×
	×	×				×	

Gruppen der legierten Stähle

Gefügeausbildung	kennzeichnende Eigenschaften	Benennung	Verwendung
perl.-mart., ledeburitisch, ferritisch	durchhärtend, vergütbar, verschleißfest, rostbeständig	Chromstähle	Einsatzstahl (hochw. Baustahl), Werkzeugstahl (Vergütungsstahl), rostbeständiger Stahl, zunderbeständiger Stahl
ferr.-perl., martensitisch, austenitisch-martensitisch, austenitisch	durchhärtend, vergütbar, korrosionsbeständig, warmfest	Chrom-Nickel-Stähle	hochw. Baustahl (Vergütungsstahl), Werkzeugstahl, rost-, säure- u. hitzebeständiger Stahl, hochwarmfester Stahl
	wie Cr-Ni, aber überhitzungsempfindlich	Chrom-Mangan-Stähle	
perlitisch, (martensitisch), austenitisch	durchhärtend, vergütbar, (verschleißfest)	Manganstähle	Baustahl, Werkzeugstahl (Vergütungsstahl), bei Schlag-Verschleißbeanspruchung
perlitisch, martensitisch, austenitisch	durchhärtend, vergütbar, geringe Wärmedehnung	Nickelstähle	hochw. Baustahl (Vergütungsstahl); unmagnetisch; „Invarstahl“
perl.-mart., ferritisch	durchhärtend, vergütbar	Siliziumstähle	Baustahl (Vergütungsstahl), Federstahl; korrosionsbeständiger Stahl (nicht schmiedbar)
perlitisch	anlaßbeständig, nicht überhitzungsempfindlich; warmfest	Wolframstähle	Werkzeugstahl (Schnellstahl)
ledeburitisch		Molybdänstähle	Werkzeugstahl (Schnellstahl), warmfester Baustahl
perl.-mart., ferritisch	hitzebeständig, warmfest	Vanadinstähle	selten ohne andere maßgebliche Zusätze

werden. Die Bezeichnung beginnt mit der Kennzahl, die den Kohlenstoffgehalt angibt (das Zeichen C entfällt), dann folgen alphabetisch geordnet die chemischen Symbole der charakteristischen Legierungselemente und danach in der gleichen Reihenfolge die Kennzahlen für deren Prozentgehalt:

z. B. 13 Cr V 5 3 Chrom-Vanadium-Stahl mit 0,13% C, 1,25% Cr (Multiplikator 4!) und 0,3% Vanadium.

Bei hochlegierten Stählen werden die Prozentzahlen für die Legierungszusätze unverschlüsselt angegeben und zur Unterscheidung vor die so entstehende Bezeichnung ein X gesetzt:

z. B. X 10 Cr Ni 18 8 Chrom-Nickel-Stahl mit 0,1% C, 18% Cr und 8% Ni.

Vor diese Symbole können noch Kennbuchstaben für die Erschmelzungsart (z. B. T = Thomas-Stahl, E = Elektrostahl), hinter die Bezeichnung eine Kennzeichnung der verlangten Wärmebehandlung (z. B. N = normalisiert, V = vergütet) und gegebenenfalls Hinweise auf besondere Eigenschaften geschrieben werden. Stahlguß (vgl. Abschnitt 256) wird durch GS- entweder mit Angabe der Zugfestigkeit oder der Legierungszusätze in der gleichen Weise wie oben gekennzeichnet (z. B. GS-38 oder GS-25 CrMo 56). Entsprechend steht für Grauguß das Zeichen GG- und für Temperguß das Zeichen GT-.

254. Stahlsorten für bestimmte Verwendungsgebiete

2541. *Normale Baustähle*

Für unlegierte Baustähle ohne besondere Anforderungen werden die Normblätter DIN 1611, 1612 und 1613 zugrunde gelegt. Bei der Wärmebehandlung werden jedoch höhere Anforderungen an den Reinheitsgrad auch unlegierter Stähle gestellt, als sie dort vorgesehen sind. Diese unlegierten Stähle wurden deshalb in den DIN-Blättern 17200 und 17210 als Vergütungsstähle und Einsatzstähle mit einigen legierten Bau-Stählen verschiedener Legierungsgruppen zusammengefaßt. Die *Einsatzstähle* sind auf Grund ihres Kohlenstoffgehaltes und der gewählten Legierungszusätze besonders für Einsatzhärtung durch Aufkohlung (und auch Nitrierung) der Randzonen geeignet, d. h. sie härten ohne diese Aufkohlung wenig oder gar nicht und bleiben deshalb im Kern zäh. Die *Vergütungsstähle* bilden beim Abschrecken von Härtetemperatur mit schneller bis langsamer Abkühlungsgeschwindigkeit ein martensitisches Gefüge und können durch Anlassen auf den gewünschten Zähigkeitszustand vergütet werden. In beiden Gruppen wird zwischen Qualitäts- und Edelstählen unterschieden, wobei sich die Edelstähle durch größere Gleichmäßigkeit, geringeren Anteil an nichtmetallischen Einschlüssen (insbesondere Phosphor und Schwefel) und bessere Oberflächenbeschaffenheit auszeichnen sollen. Neben der prozentualen Zusammensetzung und den zu erwartenden Festigkeitseigenschaften geben die Normblätter auch Richtlinien für die Warmverarbeitung und Wärmebehandlung. In den Zahlentafeln 4 und 5 sind einige Stahlsorten aus den genannten DIN-Blättern als Beispiele herausgezogen, um einen Begriff von den Zusammensetzungen dieser Baustähle und ihren Eigenschaften zu geben.

Unter den Vergütungsstählen finden sich einige, die für besondere Härtungsbehandlungen geeignet sind und vielfach dementsprechend, z. B. als „Nitrierstähle" oder als Stähle für Brennstrahl- und Induktionshärtung, bezeichnet werden. Des weiteren sind hier die Automatenstähle zu nennen, das sind Stähle mit besonders guter Bearbeitbarkeit (erreicht durch bestimmte Zusätze), die sich für die Bearbeitung mit hohen Schnittgeschwindigkeiten auf Drehautomaten eignen. Sie sind in DIN 1651 besonders zusammengestellt.

2542. *Werkzeugstähle*

Eine deutliche Unterscheidung zwischen Baustählen und Werkzeugstählen nach der chemischen Zusammensetzung ist nur bei den unlegierten Kohlenstoffstählen möglich. Bei den legierten Stählen überschneiden sich die Verwendungsgebiete, wie man überhaupt für verschiedene Anwendungen häufig Stähle mit gleicher chemischer Zusammensetzung finden wird. Es sind deshalb nur einige dieser Verwendungsgebiete in den Normen zusammengefaßt, und für Werkzeug-

Zahlentafel 4: Zusammensetzung und Eigenschaften einiger Vergütungsstähle nach DIN 17200
Eigenschaften im vergüteten Zustand.

Marken-bezeichng.	Zusammensetzung (Mittelwerte)								Festigkeitseigenschaften (Richtwerte) bis 16 mm ø			16—40 mm ø		
	C %	Si %	Mn %	P %	S %	Cr %	Mo %	Sonst. %	σ_S kg/mm²	σ_B kg/mm²	δ_5 %	σ_S kg/mm²	σ_B kg/mm²	δ_5 %
Qualitätsstähle														
C 22	0,22	0,25	0,45	0,045	0,045	—	—	—	36	60	20	30	55	22
C 60	0,60	0,25	0,65	0,045	0,045	—	—	—	57	95	12	49	82	14
Edelstähle														
CK 22	0,22	0,25	0,45	0,035	0,035	—	—	—	36	60	20	30	55	22
CK 60	0,60	0,25	0,65	0,035	0,035	—	—	—	57	95	12	49	82	14
40 Mn 4	0,40	0,38	0,95	0,035	0,035	—	—	—	65	98	12	55	88	14
37 MnSi 5	0,37	1,25	1,25	0,035	0,035	—	—	—	80	110	11	65	98	12
34 Cr 4	0,34	0,25	0,65	0,035	0,035	1,05	—	—	80	110	11	65	98	12
25 CrMo 4	0,25	0,25	0,65	0,035	0,035	1,05	0,2	—	65	98	12	55	88	14
50 CrMo 4	0,50	0,25	0,65	0,035	0,035	1,05	0,2	—	—	—	—	90	120	10
30 CrMoV 9	0,30	0,25	0,55	0,035	0,035	2,5	0,2	0,15 V	—	—	—	105	135	9
36 CrNiMo 4	0,36	0,25	0,65	0,035	0,035	1,05	0,2	1,05Ni	90	120	10	80	110	11
30 CrNiMo 8	0,30	0,25	0,45	0,035	0,035	1,95	0,2	1,95Ni	—	—	—	105	135	9

Zahlentafel 5: Zusammensetzung und Eigenschaften einiger Einsatzstähle nach DIN 17210 Eigenschaften im Kern, nach Einsatzhärtung.

Marken-bezeichng.	Zusammensetzung (Mittelwerte)							Festigkeitseigenschaften (Richtwerte)		
	C %	Si %	Mn %	P %	S %	Cr %	Ni %	σ_S kg/mm²	σ_B kg/mm²	δ_s %
Qualitätsstähle										
C 10	0,10	0,25	0,38	0,045	0,045	—	—	25	47	19
C 15	0,15	0,25	0,38	0,045	0,045	—	—	30	58	16
Edelstähle										
CK 10	0,10	0,25	0,38	0,035	0,035	—	—	25	47	19
CK 15	0,15	0,25	0,38	0,035	0,035	—	—	30	58	16
15 Cr 3	0,15	0,25	0,50	0,035	0,035	0,65	—	40	72	13
16 MnCr 5	0,16	0,25	1,15	0,035	0,035	0,95	—	60	95	10
20 MnCr 5	0,20	0,25	1,25	0,035	0,035	1,15	—	70	115	8
15 CrNi 6	0,15	0,25	0,50	0,035	0,035	1,55	1,55	65	105	9
18 CrNi 8	0,18	0,25	0,50	0,035	0,035	1,95	1,95	80	132	7
41 Cr 4	0,41	0,25	0,65	0,035	0,035	1,05	—	130	168	7

stähle liegen bisher keine speziellen DIN-Blätter vor. Das mag daran liegen, daß von Werkzeugstählen sehr verschiedenartige Eigenschaften verlangt werden und es nicht möglich ist, die Eignung für bestimmte Werkzeuge nach einfachen Kennzahlen zu beurteilen.

Der Begriff Werkzeugstähle umfaßt nämlich neben den Zerspannungswerkzeugen (Dreh- und Hobelstähle, Fräser, Bohrer, Sägen, Feilen) auch die Stanz- und Schlagwerkzeuge (Gesenke), Ziehwerkzeuge, Formen für Druckguß und für die Kunststoffverarbeitung, Walzen, Schmiede- und Preßwerkzeuge, Messer usw. Dabei werden Anforderungen nicht nur an die Festigkeit allgemein gestellt, sondern vorwiegend an die Schneidhaltigkeit, die eine gewisse Wärmebeständigkeit voraussetzt, an die Härte, die Zähigkeit usw. Ein Teil Werkzeuge erfährt noch eine über die Erwärmung durch den Schnittdruck hinausgehende Wärmebeanspruchung, wenn nämlich das zu bearbeitende Gut sich auf hohen Temperaturen befindet. An Stähle für Warmarbeitswerkzeuge werden deshalb noch höhere Anforderungen gestellt als bei den Kaltarbeitswerkzeugen. Es handelt sich dabei hauptsächlich um die Schmiede- und Preßwerkzeuge, Ziehwerkzeuge, Walzen u. a.

Für die Beurteilung ist also in erster Linie das Verhalten im Gebrauch maßgebend, das im allgemeinen nicht durch Festigkeitsmessungen, sondern nur durch technologische Prüfungen ermittelt werden kann. Das wichtigste Merkmal ist jedoch die chemische Zusammensetzung, hinzu kommt das Schmelzverfahren und die Weiterverarbeitung durch Wärmebehandlung. Es soll ein hartes martensitisches Gefüge entstehen, was für Kohlenstoffstähle erst oberhalb 0,5—0,6% C der Fall ist. Bei diesen geht die Härtung nur in kleinen Wandstärken bis zum Kern durch, weil bei dickeren Stücken die Abkühlungsgeschwindigkeit nach innen zu abnimmt. Die meisten Legierungszusätze fördern aber die Durchhärtung durch Herabsetzen der kritischen Abkühlungsgeschwindigkeit. Wolfram, Molybdän und Vanadium erhöhen die Schneideigenschaften. Kohlenstoffreicher Austenit, wie er durch Manganzusatz erreicht wird, hat einen sehr hohen Verschleißwiderstand. Das wird besonders für Schlagwerkzeuge ausgenutzt, die sich dann beim Gebrauch selbst verfestigen (austenitische Manganstähle, „Manganhartstahl"). Nickel verbessert die Zähigkeit und verringert die Überhitzungsempfindlichkeit, Chrom erhöht unter anderem die Korrosionsbeständigkeit, Kobalt steigert die Warmhärte und wird deshalb besonders in Verbindung mit Wolfram für Schnellarbeitsstähle verwendet.

Die *Schnellarbeitsstähle* sind als Werkzeugstähle für die modernen Werkzeugmaschinen bei den heutigen gesteigerten Anforderungen an Schneidvermögen und Arbeitstempo unentbehrlich. Das Hauptmerkmal des Schnellstahls ist seine Standfestigkeit bei hohen Temperaturen, d. h. die Beibehaltung der Härte und der Schneideigenschaften, auch wenn durch die Reibung infolge von gesteigertem Schnittdruck (größere Spantiefe) und größerer Schnittgeschwindigkeit die Schneidentemperatur bis auf Rotglut ansteigt. Dieses Erwärmen kommt einem Anlassen gleich, so daß man von den

Zahlentafel 6: Zusammensetzung einiger Schnellarbeitsstähle

C %	Co %	Cr %	Mo %	V %	W %
0,80	9,75	4,25	0,85	1,5	18
0,85	2,75	4,25	0,85	2,0	12
1,30	–	4,25	0,85	3,8	12
0,80	–	4,0	8,5	1,2	1,5

Schnellstählen eine außergewöhnlich hohe Anlaßbeständigkeit verlangen muß. Sie wird erreicht vor allem durch Wolfram und Molybdän, die mit dem bei Werkzeugstählen üblichen hohen C-Gehalt ein ledeburitisches Gefüge mit sehr harten Karbiden bilden. Chrom und Vanadium unterstützen diese Wirkung und verbessern die Härtungsmöglichkeiten. Darüber hinaus wird die Anlaßbeständigkeit und damit die Leistungsfähigkeit des Schnellstahls um ein mehrfaches gesteigert, wenn man diesen Legierungen noch Kobalt zugibt. In Zahlentafel 6 sind einige

Beispiele für die Zusammensetzung von Schnellarbeitsstählen gegeben.

In diesem Zusammenhang wären, gewissermaßen als Weiterentwicklung der Schnellstähle, die *Schneidmetalle* zu erwähnen, die allerdings keine Stähle mehr sind, weil sie auf das Eisen als Legierungselement verzichten und nur noch die für die Schnellstähle charakteristischen Elemente Kobalt, Chrom, Wolfram usw. enthalten. Zu unterscheiden sind dabei die Stellite, Gußlegierungen aus etwa 50% Co, Rest Cr, Mo, Ta u. a., und die Hartmetalle, die aus Karbiden des W, Ti, Ta oder Mo bestehen und für Werkzeuge hauptsächlich in gesinterter Form verwendet werden. Beide Arten sind ohne Wärmebehandlung außerordentlich hart, lassen sich nur mit Diamantenscheiben schneiden und werden deshalb gleich in die endgültige Form gegossen bzw. gesintert. Das gilt besonders für die Verwendung als Ziehmatrizen, Sandstrahldüsen usw., für spanabhebende Werkzeuge dagegen werden sie (nicht zuletzt wegen ihres hohen Preises) in Form von Schneidplättchen auf Halterstähle aufgelötet.

2543. *Korrosions- und hitzebeständige Stähle*

Die Korrosion besteht in einem unerwünschten chemischen oder elektrochemischen Angriff von der Oberfläche her. Dieser Angriff kann unterstützt werden durch Bildung von Lokalelementen im Werkstoff selbst, d. h. zwischen Gefügebestandteilen stark unterschiedlichen Potentials. Die Korrosionsbeständigkeit eines Stahls wird einerseits durch Verhinderung des Angriffs von außen mit Hilfe geeigneter Legierungszusätze und zum anderen durch Erzeugung eines möglichst gleichmäßigen Gefüges ohne Einschlüsse erreicht, bei dem die Gefahr der Lokalelementbildung verringert ist.

Der wichtigste Legierungszusatz dieser Art ist Chrom, dessen Oxyd den Stahl mit einer dünnen Schutzschicht überzieht. Dies setzt einen hohen Chromgehalt (über 12%) und Kohlenstoffgehalt unter 0,5% voraus. Höherer C-Gehalt verhindert die schützende Wirkung des Chroms durch Karbidbildung. Korrosionsbeständige Chromstähle sind martensitisch (13% Cr u. 0,4% C) bis ferritisch (18% Cr u. 0,05% C), wobei die ferritischen Sorten bei hoher Temperatur zur Versprödung neigen.

Die reinen Chromstähle sind in erster Linie rostbeständige Stähle (Bildung einer Chromoxydschicht mit dem Luftsauerstoff). Durch Zulegieren von Nickel erreicht man Beständigkeit auch gegen nichtoxydierende Säuren und gegen Halogenide (z. B. Seewasser). Die Chromnickelstähle mit 8% und mehr Ni sind austenitisch und werden im allgemeinen aus hohen Temperaturen abgeschreckt, um Karbidbildung zu verhindern. Die Karbide führen zur interkristallinen Korrosion, einer korrosiven Zerstörung im Gefüge, die insbesondere auch auftritt, wenn die abgeschreckten CrNi-Stähle nachträglich bei der Verarbeitung wieder auf Temperaturen zwischen 600 und 800° gebracht werden. Z. B. beim Schweißen können sich einzelne Zonen in entsprechender Entfernung von der Schweißstelle auf diese Temperatur erwärmen. Um die CrNi-Stähle „schweißfest" zu machen, verwendet man möglichst niedrige Kohlenstoffgehalte (etwa 0,05%) oder legiert geringe Mengen von Tantal, Niob oder Titan zu. Zusätze von Molybdän und Kupfer (je etwa 2%) bewirken eine weitere Verbesserung der Korrosionsbeständigkeit.

An Stelle von Nickel kann ungefähr gleichwertig Mangan treten. Die Chrommanganstähle verhalten sich ähnlich wie die CrNi-Stähle, sind weniger empfindlich gegen interkristalline Korrosion bei der kritischen Temperatur, jedoch schwerer verarbeitbar.

Korrosionsbeständige Siliziumstähle (mit 12—15% Si) schützen sich durch Bildung einer Silikatschicht gegen korrosiven Angriff. Sie sind aber recht spröde und deshalb nicht schmiedbar.

Die hier angegebenen Prozentzahlen der einzelnen Elemente stellen Richtwerte dar, die vorwiegend die Korrosionsbeständigkeit bei Raumtemperatur bewirken. Bei höheren Temperaturen verstärken sich die chemischen Vorgänge, die Korrosion schreitet schneller voran und macht sich in einem Vorgang bemerkbar, der als Zundern bezeichnet wird. Durch Steigerung des Chrom- und auch des Nickelgehaltes bei sehr niedrigem Kohlenstoffgehalt, vielfach auch durch Zusatz von

Zahlentafel 7: Zusammensetzung und Eigenschaften einiger hitzebeständiger Stähle

C %	Si %	Al %	Cr %	Ni %	Gefüge	bei 20° C Streckgr. kg/mm²	bei 20° C Zugfest. kg/mm²	Zunderbest. bis °C
0,1	0,7	0,7	6,5	—	ferr.-perl.	25	45—60	800
0,1	1,5	1,5	24	—	ferritisch	30	50—65	1200
0,1	2,1	—	18	—	ferritisch	35	55—70	1000
0,15	2,0	—	25	20	austenitisch	30	60—75	1200

Zahlentafel 8: Zusammensetzung und Eigenschaften einiger warmfester und hochwarmfester Stähle (in vergütetem Zustand)

C %	Si %	Mn %	Cr %	Ni %	Co %	Mo %	W %	Sonst. %	bei 20° C Zugf. kg/mm²	bei 20° C E-Mod kg/mm²	bei °C	E-Mod kg/mm²	Zeitstandfestigkeit kg/mm² 1000 h	Zeitstandfestigkeit kg/mm² 10000 h	Biegewechs.-festigk. kg/mm²
0,22	0,2	0,4	3	—	—	0,4	—	0,8 V	95	21400	550	17000	28	18	~ 20
0,10	0,3	0,6	15	25	—	—	—	2,2 Ti	100	20300	700	15700	19	14	19
0,40	1	0,8	13	13	10	2	2,5	3 Nb	72	—	800	—	10	7	—
0,40	0,3	0,6	20	20	45	3	4	4 Nb	120	—	900	—	7	5	~ 25

Silizium und Aluminium, wird Korrosionsbeständigkeit auch für höhere Temperaturen erreicht. Man spricht dann von zunder- oder hitzebeständigen Stählen. Zahlentafel 7 gibt einige Beispiele von hierfür gebräuchlichen Zusammensetzungen.

Im Gegensatz zu diesen hochlegierten nichtrostenden Stählen wären hier noch zu erwähnen die Stähle mit erhöhtem Rostwiderstand, bei denen geringe Zusätze von Kupfer und Phosphor (0,1—0,3% Cu, 0,06—0,10% P) für eine schützende Oxydschicht sorgen. Voraussetzung ist ein niedriger Kohlenstoffgehalt, denn auch technisch reines Eisen ohne Zulegierungen weist einen erhöhten Rostwiderstand auf.

2544. *Warmfeste und hochwarmfeste Stähle*

Die oben genannten hitzebeständigen Stähle bringen in erster Linie Zunderfestigkeit, d. h. Korrosionsbeständigkeit bei höheren Temperaturen. Neben dieser Eigenschaft verlangt man von den warmfesten Stählen, daß ihre Festigkeitseigenschaften bei hohen Temperaturen nicht zu stark nachlassen, und daß insbesondere die Kriecherscheinungen in den Grenzen bleiben, die eine Verwendung der Stähle bei hohen und höchsten Wärmebeanspruchungen im Dampf- und Gasturbinenbau, für Düsentriebwerke usw. ermöglichen. Das wesentliche Kriterium für diese Stähle ist deshalb die Zeitstandfestigkeit und das Kriech- und Dehnverhalten bei höheren Temperaturen.

Die angestrebte Behinderung der Kriechvorgänge wird erreicht durch Zulegieren vor allem von Molybdän, ferner von Vanadin und Wolfram sowie von Titan und Niob bei niedrigen Kohlenstoffgehalten (0,1—0,4%). Chrom, Nickel und Mangan haben wenig Einfluß auf das Kriechverhalten, werden aber meist zur Erhöhung der Zunderbeständigkeit zulegiert. Die Wirkung der erstgenannten Legierungselemente beruht auf einer Ausscheidung (vgl. Abschnitt 2522) der bei hohen Temperaturen in Lösung befindlichen Karbide, die durch entsprechende Wärmebehandlung ausgelöst wird. Die Ausscheidungen setzen sich auf den Korngrenzen und Gleitebenen ab und behindern die Gleit- und Fließvorgänge. Ähnliche

Ausscheidungen (nicht nur von Karbiden, sondern auch von Nitriden und nichtmetallischen Verbindungen) gehen auch bei der Temperaturbeanspruchung selbst vor sich, jedoch muß immer eine Vergütung in dem genannten Sinn vorangehen. Das so aufgebaute Gefüge hat den Nachteil geringer Zähigkeit und erhöhter Kerbempfindlichkeit, dem nur dadurch begegnet werden kann, daß die Legierungen nicht höher gezüchtet werden, als es ihrer wirklichen Verwendungstemperatur entspricht. Es haben sich deshalb eine Reihe von Legierungen für verschieden hohe Anwendungstemperaturen eingeführt, für die in Zahlentafel 8 einige Beispiele gegeben sind. Bei den Grenztemperaturen der jeweiligen Legierungsgruppen tritt eine Rekristallisation oder Kristallerholung ein, die etwa dem Effekt des Spannungsfreiglühens (Abschnitt 2521) vergleichbar ist und die Warmfestigkeit aufhebt. Gleichzeitig setzt auch bei den noch niedrigen Chromgehalten eine verstärkte Zundergefahr ein. Die hochwarmfesten Stähle haben daher neben erhöhtem Mo- und W-Gehalt auch höhere Cr- und Ni-Zusätze ähnlich wie die hitzebeständigen Stähle. Sie sind rein austenitisch und neigen somit schon auf Grund der Eigenart der γ-Mischkristalle erst bei wesentlich höheren Temperaturen zur Rekristallisation. Durch Zulegieren von Ta oder Nb sowie Co kann die Warmfestigkeit weiter erhöht werden.

2545. *Stähle für Sonderanwendungen*

Mit der vorstehenden Einteilung sind grundsätzlich alle Verwendungsgebiete berücksichtigt. Die angegebenen Normen, Zusammensetzungen und Eigenschaften beziehen sich auf den Werkstoff, während die Eigenschaften und Lieferbedingungen für bestimmte Halbzeuge in besonderen Aufstellungen zusammengefaßt sind. Es sind dies einerseits die technischen Lieferbedingungen einzelner Industrieverbände (z. B. Verein Deutscher Eisen-Hüttenleute, Vereinigung der Großkesselbesitzer usw.), andererseits die Gütevorschriften für *Stahlhalbzeuge* in den DIN-Normen. Wenngleich ein Teil dieser Normen sich derzeit in Neubearbeitung befindet oder der

Neubearbeitung bedarf, seien sie hier der Vollständigkeit halber doch aufgeführt:

Stahlbleche (Feinbleche)	DIN 1621—1623
Kesselbleche	DIN 17 155
Rohre	DIN 1628/29, 2385, 2391, 2393, 17175
Bänder	DIN 1624
gezogener Stahl	DIN 1652
Schmiedestücke	DIN 7521

Die Abmessungen für Bleche, Bänder, Stangen und Drähte, sowie für die verschiedenen Walzprofile und für Rohre finden sich in einer Sammlung von rund 50 Normblättern, die einzeln anzugeben hier zu weit führen würde. Sie sind zusammengefaßt im DIN-Taschenbuch 4 A, Werkstoffnormen Stahl und Eisen.

Besondere Erwähnung verdienen noch die *Feder-Stähle*, von denen ein möglichst weiter Bereich elastischer Verformung (möglichst hohe Elastizitätsgrenze) und eine hohe Schwingungsfestigkeit gefordert wird. Es handelt sich meistens um Siliziumstähle (bis 2% Si) mit Kohlenstoffgehalten zwischen 0,4 und 0,7% sowie um Legierungen mit bis zu 2% Mangan. Warmfeste Federstähle enthalten zusätzlich noch Chrom, Vanadin, Molybdän oder Wolfram. Einige warmfeste Federstähle werden auch mit höheren Gehalten an diesen Elementen ohne besondere Zusätze von Si und Mn hergestellt. In DIN 17 220 bis 17 225 sind die Zusammensetzungen und Eigenschaften für Federstähle verschiedener Verwendungsgebiete angegeben.

Hohe Siliziumgehalte (bis etwa 4%) haben mit Rücksicht auf die Verschleißfestigkeit meistens auch die *Ventil-Stähle*, die im übrigen korrosions- und zunderbeständig sein müssen und deshalb vorwiegend mit Chrom und Nickel legiert sind. Hochprozentige Chrom-, Chromnickel- oder Chrommolybdänstähle sind auch für hochbeanspruchtes Wälzlager in Gebrauch, während jedoch die normalen *Wälzlagerstähle* nur bis etwa 1,7% Cr ohne sonstige Zulegierungen (allenfalls bis 1,2% Mn) bei etwa 1% Kohlenstoff enthalten.

255. Grundsätzliches über die Eigenschaften

Das *spez. Gewicht* der Stähle bei Raumtemperatur wird im allgemeinen mit 7,85 g/cm³ gerechnet. Es kann je nach Legierungszusammensetzung zwischen 7,55 und 8,20 g/cm³ schwanken.

Die *Wärmedehnzahl* ist ebenfalls von der Legierung abhängig. Sie liegt im Bereich von 20 bis 100° für die meisten Stähle zwischen etwa 9 und $15 \cdot 10^{-6}$/° C. Einige Speziallegierungen haben niedrigere Wärmedehnzahlen bis zu 0° C („Invar“[1])-Stahl, 30% Ni, 6% Co) in Nähe der Raumtemperatur.

Der *Elastizitätsmodul* wird nur in geringem Maße durch die Legierung beeinflußt. Er bewegt sich für unlegierten und legierten Stahl zwischen 2,0 und $2,2 \cdot 10^4$ kg/mm² und wird meist mit $2,1 \cdot 10^4$ kg/mm² angegeben. Mit der Verwendungstemperatur fällt der E-Modul ab, so daß er bei 500° nur etwa die Hälfte beträgt. Einen um Raumtemperatur temperaturunabhängigen E-Modul haben einige hochprozentige Nickelstähle, die etwa dem obengenannten Invar-Stahl entsprechen („Elinvar“[1])).

Die kennzeichnenden *Festigkeitseigenschaften* sind bei der Besprechung der einzelnen Stahlarten soweit aufgeführt, daß eine Vorstellung von den Größen-Bereichen gegeben ist. Sie sind im einzelnen von der Legierungszusammensetzung abhängig, Abb. 22 gibt als Beispiel für untereutektoide Stähle die Abhängigkeit vom Kohlenstoffgehalt. Bei vergütbaren Stählen werden die endgültigen Eigenschaften durch die Art der Wärmebehandlung bestimmt, d. h. von welcher Temperatur und mit welcher Abschreckgeschwindigkeit gehärtet und auf welche Temperaturen dann angelassen wurde. Die Wirkung der Anlaßtemperatur zeigt Abb. 23 für einen Vergütungsstahl 25 CrMo 4 nach Abschrecken von 840° in Wasser. Grundsätzlich verändern sich die vorhandenen oder durch Vergütung erzielten Eigenschaften mit der Anwendungstemperatur (Prüftemperatur) in der Weise, wie es in Abb. 24 schematisch dargestellt ist. Der hier gezeigte Anstieg der

---

[1]) Handelsmarken

Zugfestigkeit bei ungefähr 200° gilt für unlegierte Stähle, die im Gebiet der „Blauwärme“ eine Verfestigung erfahren. Die

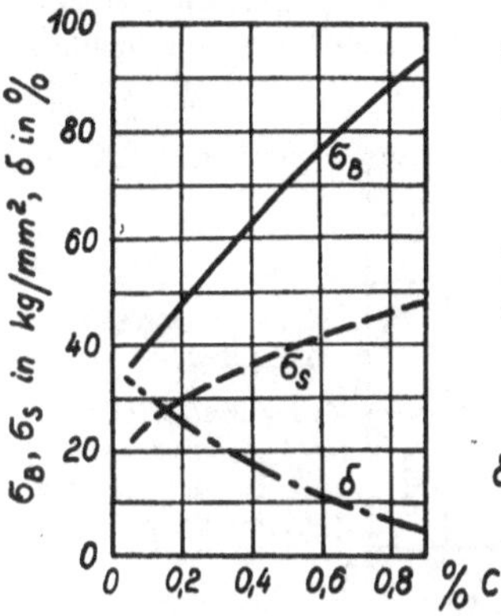

Abb. 22. **Abhängigkeit der Festigkeitseigenschaften vom C-Gehalt für Kohlenstoffstähle**

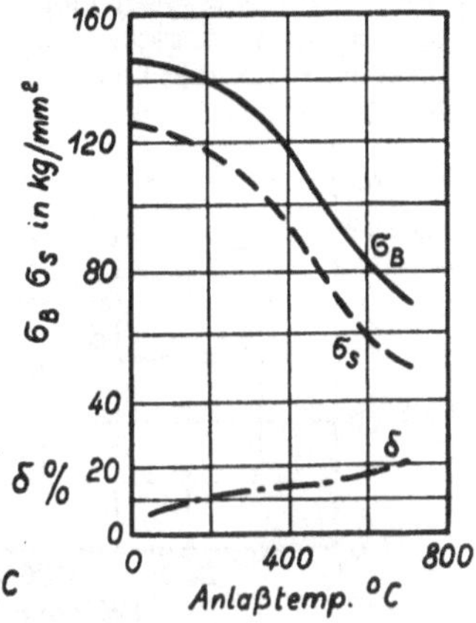

Abb. 23. **Einfluß der Anlaßtemperatur auf die Festigkeitseigenschaften**

Streckgrenze fällt dagegen (bei unlegierten- und bei legierten Stählen) stetig mit der Temperatur ab (*Warmstreckgrenze*),

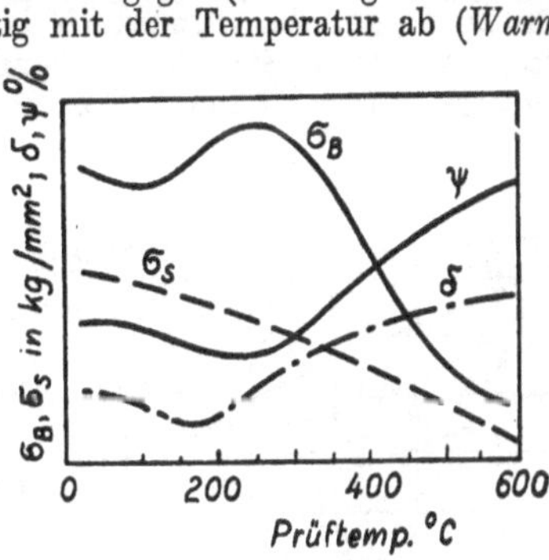

Abb. 24. **Abhängigkeit der Festigkeitseigenschaften von der Prüf- oder auch Gebrauchstemperatur (schematisch).**

was auch bei den warmfesten Stählen (Abschnitt 2554) zu beobachten ist.

Die *Zeitstandfestigkeit* gibt das Verhalten unter Belastung nicht nur in Abhängigkeit von der Temperatur, sondern auch von der Belastungsdauer wieder. Abb. 25 veranschaulicht dies für einen Stahl 16 CrMo 4 4.

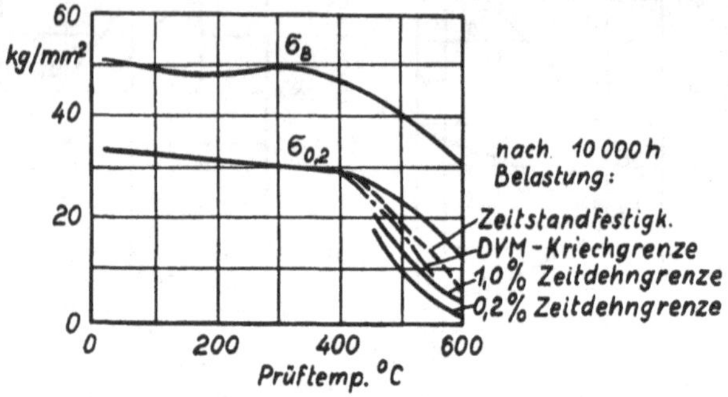

Abb. 25. Beispiel für die Zeitstandfestigkeit von Stählen bei hohen Temperaturen

Für die *Schwingungsfestigkeit* (Biegewechselfestigkeit) kann bei Stählen maximal mit durchschnittlich 50% der Zugfestigkeit gerechnet werden. Sie wird beeinflußt durch die Oberflächenbeschaffenheit sowie durch Korrosionseinwirkung (Abb. 26).

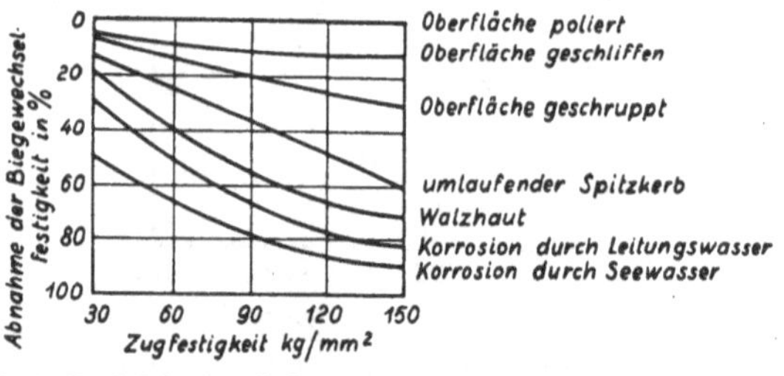

Abb. 26. Einfluß des Oberflächenzustandes auf die Schwingungsfestigkeit von Stählen verschiedener Festigkeit

256. Stahlguß

Bei der Stahlerzeugung sahen wir, daß der flüssige Rohstahl zu Blöcken vergossen wurde, die dann durch die Knetbehandlung erst zum fertigen Stahl werden. Den Abschluß des Knetens bildet meist eine Formgebung zum Halbzeug, beim Schmieden kann sogar ein Formteil daraus werden, das allerdings seine endgültige Form erst durch eine anschließende spangebende Bearbeitung erhält.

Es ist aber auch möglich, den flüssigen Stahl unmittelbar zu beliebigen Formteilen zu vergießen, die keiner weiteren spanlosen Formung mehr bedürfen, andererseits aber sowohl warm als auch kalt schmiedbar und auch durch Wärmebehandlung in ihren Eigenschaften zu verbessern sind. Die Erzeugung von Stahlguß kennt man seit Mitte des vorigen Jahrhunderts, heute beherrscht man seine Herstellung und seine Eigenschaften so, daß in allen Gebieten des Maschinenbaues auch hochbeanspruchte Teile mit Erfolg aus unlegiertem oder legiertem Stahlguß gefertigt werden, wodurch sich die Kosten gegenüber geschmiedeten Formteilen unter Umständen erheblich verringern.

2561. *Herstellung*

Vielfach ist den Stahlwerken eine Stahlgießerei unmittelbar angeschlossen. In diesem Fall kann ein Teil des aus den verschiedenen Frischungs- und Umschmelzverfahren der Stahlerzeugung (Abschnitt 251) anfallenden Rohstahls vergossen werden. Vorwiegend wird jedoch der Gußrohstahl gesondert erschmolzen, so daß sich auch spezielle Stahlgießereien unabhängig von Stahlwerken mit seiner Herstellung befassen.

Die *Schmelzverfahren* sind dann praktisch die gleichen wie im Stahlwerk. Man verwendet bevorzugt den Siemens-Martin-Ofen, in dem unlegierter und niedrig legierter Stahlguß am billigsten herzustellen ist. Bei niedrigen Stromkosten und für höhere Anforderungen, besonders für höher legierten Stahlguß, kommt heute fast nur noch der Elektroofen in Betracht, entweder als Lichtbogen- oder als Induktionsofen. Er hat auch bei der Stahlgußerzeugung das Erschmelzen im Tiegel völlig verdrängt. In den sonstigen Stahlgießereien wird der Siemens-Martin-Ofen ausschließlich, der Elektroofen vorwiegend zum Umschmelzen und Feinen verwendet, wobei die Öfen sauer oder basisch zugestellt sein können. Der Einsatz besteht dann zum größten Teil aus Stahlschrott mit kleineren Zusätzen an Roheisen oder Graugußabfällen. Wenn dagegen der Stahlguß aus einem kohlenstoffreichen Einsatz von Roheisen mit geringeren Mengen von Stahlschrott und Stahlgußabfällen erschmolzen wird, so kann im basischen Elektroofen auch gefrischt werden. Daneben ist auch noch das Frischen im Konverter gebräuchlich, wofür der Einsatz im Gießereischachtofen vorgeschmolzen werden muß. Als Konverter wird hier der basische Kleinkonverter (Kleinbessemerbirne) verwendet, der nur zwischen 2 und 5 t Stahl faßt und zum Unterschied vom Stahlwerks-Konverter (Abb. 17) eine seitliche Windezuführung hat.

2562. *Wärmebehandlung*

Im unbehandelten Gußzustand werden meist nur solche Teile aus unlegiertem Stahlguß belassen, die keinen nennenswerten mechanischen Beanspruchungen ausgesetzt werden sollen. In allen anderen Fällen ist eine Wärmebehandlung erforderlich, um die grobkristalline Gußstruktur zu beseitigen und die Eigenschaften zu verbessern. Für Weichglühen, Spannungsfreiglühen und Normalglühen gelten die gleichen Gesichtspunkte wie sie beim Stahl behandelt wurden (Abschnitt 252). Das Härten wird nur in Verbindung mit Anlassen auf höhere Temperaturen, d. h. als Vergüten, vorgenommen. Der Einfluß der Wärmebehandlungen auf die Festigkeitseigenschaften ist aus der nachfolgenden Zusammenstellung ersichtlich.

2563. *Eigenschaften und Einteilung*

Beim Stahlguß ist mit einer mittleren Schwindung von 2% zu rechnen, die bei der Form- bzw. Modellherstellung berücksichtigt werden muß. Sie bedingt eine starke Lunkerbildung beim Erstarren, der nur durch Anbringen erheblich größerer Trichter und verlorener Köpfe, als etwa für Grauguß üblich, begegnet werden kann. Stahlguß ist wie Stahl schweißbar, doch empfiehlt sich immer, besonders bei höhergekohltem und legiertem Stahlguß ein Spannungsfreiglühen vor und in vielen Fällen auch nach dem Schweißen. Das spez. Gewicht beträgt 7,85 g/cm³.

Die Einteilung (gemäß DIN 17 006, Blatt 4) wird in ähnlicher Weise wie bei den Stählen vorgenommen. Man unterscheidet unlegierten, niedrig legierten und hochlegierten Stahlguß. Die *unlegierten Stahlguß*sorten sind in DIN 1681 zusammengefaßt, aus dem Zahlentafel 9 einen Auszug darstellt. Neben den Festigkeitseigenschaften sind hier auch Richtwerte für den Kohlenstoffgehalt angegeben.

Zahlentafel 9: Unlegierte Stahlgußqualitäten nach DIN 1681

Markenbezeichnung	C-Gehalt %	Zugfestigkeit σ_B kg/mm²	Bruchdehnung δ %
GS – 38	0,12–0,19	38	20
GS – 45	0,18–0,25	45	16
GS – 52	0,28–0,35	52	12
GS – 60	0,38–0,45	60	8

Der niedrig legierte Stahlguß kann unterteilt werden in Baustahlguß, warmfesten, verschleißfesten und Werkzeugstahlguß. Zum *Baustahlguß* können der Zusammensetzung nach alle in DIN 17 200 und 17 210 aufgeführten legierten Baustähle gerechnet werden, da sie auch in Formen vergießbar sind. Für den *warmfesten Stahlguß* sind in DIN 17 245 einige Zusammensetzungen genormt, die bei Temperaturen bis 500° Mindestwerte für Streckgrenze und Zeitstandfestigkeit (als DVM-Kriechgrenze angegeben) gewährleisten sollen. Es handelt sich um Legierungen mit Molybdän, Chrom-Molybdän oder Chrom-Molybdän-Vanadium, z. B.

GS-22 CrMo 5,

mit einer Streckgrenze $\sigma_S = 30$ kg/mm² bei 20° und $\sigma_S =$ 21 kg/mm² bei 400° C.

Zum niedrig legierten Stahlguß ist auch der *verschleißfeste* Manganhartstahl zu rechnen, mit 1,5% Chrom und bis zu

12% Mangan, der sich auch in Formen vergießen läßt. Einen Übergang zwischen nieder- und hochlegiertem Stahlguß stellen die *Werkzeug-Stahlguß*sorten dar, die zwischen 1 und 12% Chrom, daneben noch geringe Gehalte an Nickel, Vanadin oder Wolfram enthalten können.

Der hochlegierte Stahlguß umfaßt demgegenüber vor allem die ***korrosionsbeständigen*** und die ***hitzebeständigen Stahlguß***-sorten mit bis zu 29% Cr und bis zu 19% Ni (u. 2% Mo bei erhöhter Säurebeständigkeit). Der Anwendungsbereich dieser hitzebeständigen Sorten erstreckt sich in Luft bis 1150°.

Die Festigkeitseigenschaften von Stahlguß werden an angegossenen Proben ermittelt, die erst nach dem Putzen und Durchlaufen sämtlicher Wärmebehandlungen vom Gußstück getrennt werden sollen. Der Elastizitätsmodul wird bei Raumtemperatur mit $2{,}0 \cdot 10^6$ kg/cm^2 angegeben. Die Schwingungsfestigkeit (Biegung) beträgt 40 bis 50% der Zugfestigkeit.

3. Kupfer und seine Legierungen

31. Reines Kupfer

311. Vorkommen, Gewinnung, Kupfersorten

Kupfer war bis zum Mittelalter das am meisten verarbeitete Metall. Inzwischen ist es vom Stahl zurückgedrängt, aber es steht auch heute noch trotz des Vordringens der Leichtmetalle an zweiter Stelle in der Weltproduktion. Die große technische Bedeutung verdankt es aber vornehmlich seiner Verwendung in der Elektrotechnik (hervorragende elektrische Leitfähigkeit), während es im Maschinenbau unlegiert nur da verwendet wird, wo besondere Wärmeleitfähigkeit und Korrosionsbeständigkeit gefordert sind. Als Legierungsbasis führt es zu einer großen Zahl von Kupferlegierungen (Abschnitt 32 u. 33), die im Maschinenbau Bedeutung haben, und als Legierungszusatz ist es für Stahl- wie für Leichtmetallegierungen unentbehrlich.

Gediegenes Kupfer kommt nur sehr selten in der Natur vor, die europäischen und überseeischen Lagerstätten bergen meist oxydische oder sulfidische Erze. Die Hauptvorkommen für Oxydkupfererz (z. B. Rotkupfererz Cu_2O und Malachit $CuCO_3 \cdot Cu(OH)_2$) sind im Ural, in Nordamerika und in Australien. Die sulfidischen Kupfererze Kupferglanz Cu_2S, Buntkupfererz Cu_3FeS_3 und Kupferkies $CuFeS_2$ werden hauptsächlich in Chile, Kalifornien, Australien und Rußland gefunden.

Die oxydischen Erze werden mit Schwefelsäure ausgelaugt, wobei man eine Kupfersulfatlösung mit etwa 3% Cu-Gehalt erhält. Aus dieser Lösung wird das Kupfer entweder mit Eisenschrott niedergeschlagen („zementiert") oder elektrolytisch abgeschieden. Die sulfidischen Erze werden dagegen durch verschiedene „Röst-" und Schmelzverfahren zunächst zu Kupferrohstein aufgearbeitet, der etwa zur Hälfte aus Kupfer, zur anderen Hälfte aus Eisen und Schwefel besteht. Durch weiteres Schmelzen im Schachtofen oder im Konverter erhält man das Rohkupfer mit 94 bis 97% Cu. Aus der Herkunft und der Gewinnung erklären sich die Namen wie Konverter-Kupfer, Schwarz-Kupfer, Zement-Kupfer.

Aus dem Rohkupfer wird durch Raffination das Feinkupfer gewonnen, das weniger als 1% Verunreinigungen enthalten darf. Man unterscheidet hier zwei Verfahren:

Raffination im Schmelzfluß (Raffinade-Kupfer): Schmelzen im Flammofen und Oxydation der Verunreinigungen, die entweder in der Schlacke bleiben oder als Gase entweichen. Kupferoxydul Cu_2O ist zum Teil im geschmolzenen Kupfer gelöst und wird durch Reduktion bis auf geringe Restmengen wieder entfernt (z. B. durch „Zähpolen" = Eintauchen von frischem Birkenholz).

Raffination durch Elektrolyse (Elektrolytkupfer): das Rohkupfer wird in Plattenform als Anode in eine Kupfervitriollösung gebracht, in der sich als Kathode ein dünnes Kupferblech befindet. Ein durchgeleiteter elektrischer Strom niedriger Spannung löst das Kupfer aus der Anode und schlägt es in reinster Form auf der Kathode nieder (Kathoden-Kupfer).

Im DIN-Blatt 1708 werden für die technischen Kupfersorten (Raffinadekupfer und Elektrolytkupfer) Reinheitsgrade von 99,0 bis 99,9% angegeben.

312. Eigenschaften

Kupfer hat einen Schmelzpunkt von 1083° C; das spez. Gewicht beträgt 8,9 g/cm³, der lineare Wärmeausdehnungskoeffizient $16{,}7 \cdot 10^{-6}/°$ C im Bereich von 20 bis 100° C.

Die Korrosionsbeständigkeit des Kupfers ist im allgemeinen gut, besonders an der Luft, da die Oxydationsprodukte auf der Oberfläche eine festhaftende Schutzschicht bilden (Patina), die weiteren Angriff verhindert. Auch in Salzwasser und gewöhnlichem Leitungswasser bilden sich Schutzschichten, und gegen verdünnte Schwefel- und Salzsäure ist Kupfer ebenso beständig wie gegen Mineralöle und Kraftstoffe. Anorganische Säuren greifen dagegen das Kupfer an, wenn gleichzeitig Sauerstoff zugegen ist. Ammoniak und Schwefel wirken stark korrosiv.

Die Korrosion besteht im allgemeinen in einer gleichmäßigen Abtragung von der Oberfläche her, sie kann jedoch auch als örtlich eng begrenzte Zerstörung auftreten. Dieser sogenannte „Lochfraß“ wird bei Kupfer, wenn es überhaupt einer Korrosion ausgesetzt ist, häufig beobachtet. Eine andere, dem Kupfer eigentümliche Erscheinung ist die „Wasserstoffkrankheit“, die im Gegensatz zur Korrosion eine innere Zerstörung bewirkt: wenn kupferoxydulhaltiges Kupfer bei erhöhter Temperatur mit reduzierenden Gasen in Berührung kommt, dringt Wasserstoff in das Metall ein und verbindet sich dort mit dem Sauerstoff zu Wasserdampf, der das Gefüge mit Blasen und Rissen durchsetzt. Die Wasserstoffkrankheit kann besonders beim autogenen Schweißen oder auch beim Glühen in Gasöfen auftreten. Zur Vorbeugung muß dann sauerstofffreies Kupfer verlangt werden.

Die Festigkeitseigenschaften des reinen Kupfers hängen stark von seiner Verarbeitung ab. Im weichen (ausgeglühten) Zustand hat es eine niedrigere Zugfestigkeit bei hoher Dehnung, kann aber durch Kaltverformung (Walzen, Recken, Ziehen) verfestigt werden, so daß z. B. bei 60—80%iger Auswalzung die Zugfestigkeit etwa das Doppelte von der des Weichkupfers beträgt. Das Spannungsdehnungs-Diagramm weist keine ausgeprägte Streckgrenze auf. Den nahezu linearen Anstieg der Zugfestigkeit mit der Kaltverformung (hier Ziehgrad bei Elektrolyt-Kupfer) zeigt Abb. 27 ebenso wie die

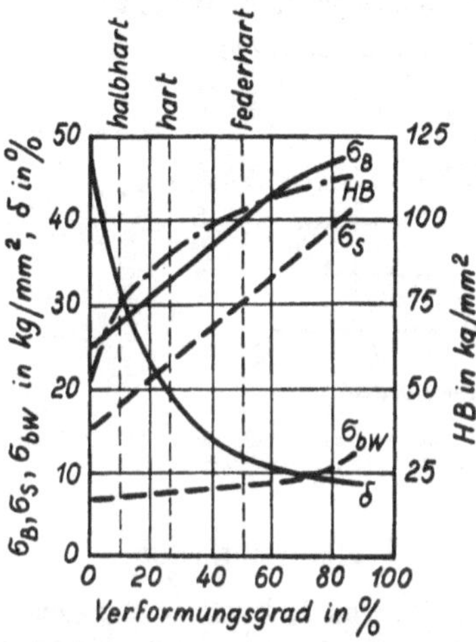

Abb. 27 Abhängigkeit der Festigkeitseigenschaften von der Kaltverformung bei Kupfer

Zunahme der (Brinell-)Härte und den (schon mit geringer Kaltverformung sehr steilen) Abfall der Dehnung. Dieses Verhalten wird beim Ziehen von Kupferdrähten praktisch ausgenutzt und zeigt sich ebenso etwa beim Walzen von Blechen. Die in die Abbildung eingetragenen Härtebereiche beziehen sich auf eine Einteilung, wie sie für Halbzeug aus Kupfer (vgl. DIN 1773 und 1787) und auch für Kupferlegierungen gebräuchlich ist (vgl. Zahlentafel 10). Die Dauerschwingfestigkeit wird durch die Kaltverformung nur wenig beeinflußt.

Durch Glühen wird die Kaltverformung wieder rückgängig gemacht, wie Abb. 28 zeigt. Andererseits sinkt die Festigkeit auch, wenn die Beanspruchung bei erhöhten Temperaturen erfolgt, d. h. die Warmfestigkeit ist von Kupfer wie bei den meisten Werkstoffen bedeutend geringer als die Festigkeit bei Raumtemperatur, und hier nimmt mit kleiner werdender Festigkeit auch die Dehnung ab (Abb. 29).

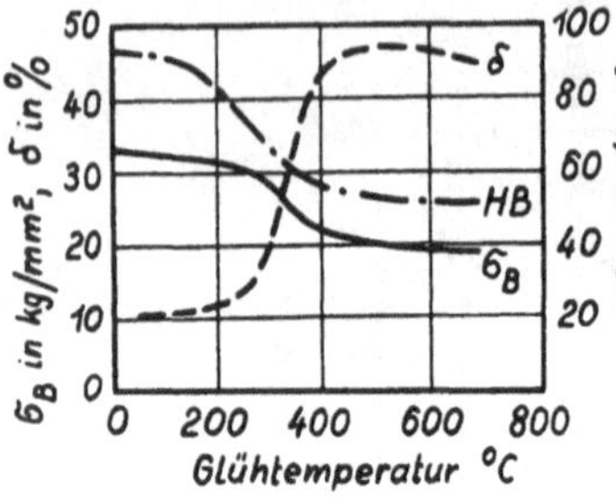

Abb. 28. Einfluß der Glühtemperatur auf die Festigkeitseigenschaften von Kupfer (Glühzeit 1 Stunde)

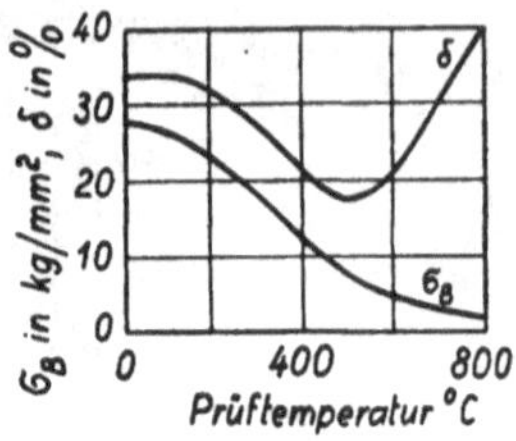

Abb. 29. Warmfestigkeit von Kupfer

313. Verarbeitung

Aus dem Einfluß von Kaltverformung und Warmbehandlung auf die Festigkeits- und Verformbarkeitseigenschaften ergibt sich die bevorzugte Verarbeitung des Kupfers zu Halbzeugen in einer vereinigten Warm- und Kaltverformung. Am Anfang, für große Querschnittsabnahmen, wird Warmverformung angewandt, wobei die Temperatur über 650° C liegen soll, weil sonst (gemäß Abb. 29) die Dehnbarkeit des Materials zu gering ist. Das Weiterverformen bei kleineren Querschnitten erfolgt dann meist kalt, gegebenenfalls mit Zwischenglühungen, wenn die eintretende Kaltverfestigung zu groß wird.

Auf diese Weise werden Kupferbleche (DIN 1752), Bänder (DIN 1792), nahtlose Rohre (DIN 1754), Drähte (DIN 1766), Rundstangen (DIN 1767), gezogene Flachprofile (DIN 1768) und andere Profile hergestellt. Diese Halbzeuge werden dann meist spanlos durch Kaltverformung weiterverarbeitet, wobei auch hier wieder Zwischenglühungen vorgenommen werden können.

Die spangebende Bearbeitung von Kupfer führt wegen der geringen Härte leicht zu einem „Schmieren". Um dies zu vermeiden, muß mit größeren Span- und Freiwinkeln am Werkzeug und kleineren Spanquerschnitten gearbeitet werden als bei Stahl. Die Schnittgeschwindigkeit kann verhältnismäßig hoch sein, die Verwendung von Schmierflüssigkeit (Bohrölemulsion) ist weniger wegen der Kühlung als zur Verminderung des Werkzeugsverschleißes wichtig.

Als Verbindungsverfahren für Kupferteile werden sowohl Schweißen wie Löten angewandt. Beim Gasschmelzschweißen ist zu beachten, daß der Brenner wegen der hohen Wärmeleitfähigkeit des Kupfers größer sein muß als für entsprechende Stahlschweißungen. Die Flamme muß neutral eingestellt sein (Wasserstoffkrankheit). Elektrische Lichtbogenschweißung ist nur mit ummantelten Elektroden und wesentlich höherer Schweißspannung als bei Stahl möglich, das Verfahren wird jedoch bevorzugt, weil es die Gefahr der Gasaufnahme und der Verwerfungen verringert. Das elektrische Widerstandsschweißen kommt nur für kleinere Querschnitte in Betracht, etwa für Punktschweißungen an dünnen Blechen oder zum Stumpfschweißen von Drähten und Schienen. — Das Hartlöten mit Silberlot oder Messinglot erfordert nur wenig niedrigere Temperaturen als das Schmelzschweißen, so daß es meistens nur für größere Querschnitte angewandt werden kann. Die Lötstellen haben dann allerdings eine wesentlich höhere Festigkeit als beim Weichlöten (mit Zinnlot und Lötkolben), das meist nur der leitenden Verbindung dienen soll.

32. Bronzen

Die ersten Kupferlegierungen ergaben sich durch die Verarbeitung komplexer Erze, die Kupfer und Zinn enthielten. Die Kupfer-Zinn-Legierungen sind daher die ältesten „Bronzen", sämtliche anderen Kupferlegierungen entstanden erst später. Sie werden — mit Ausnahme der Kupfer-Zink-Legierungen — alle als Bronzen bezeichnet, wobei der Hauptlegierungsbestandteil mitgenannt wird: Zinnbronze, Bleibronze, Aluminiumbronze usw. Kupferlegierungen mit Zink als Hauptlegierungszusatz werden als Messing, eine Gruppe von

Zahlen-

Beispiele für Zusammensetzung und Eigenschaften

Benennung und Norm	Kurzzeichen bzw. Zustand (ohne Angabe: „weich")	Hauptbestandteile				
		Cu %	Sn %	Zn %	Pb %	P %
Hütten-Kupfer DIN 1708	A-Cu	99,0	—	—	—	—
	D-Cu weich halbhart hart federhart	99,8	—	—	—	—
Zinnbronzen, Mehrstoff-Zinnbronzen, Rotguß DIN 1705 DIN 17662	G-Sn Bz 20	80	20	—	—	—
	GZ-Sn Bz 12	88	12	—	—	—
	Sn Bz 8	91	9	—	—	÷ 0,4
	MSn Bz 4 Pb	88	4	4	4	÷ 0,1
	Rg 5	85	5	7	3	—
Aluminium-Bronzen DIN 1714	G-Al Bz 9	91	—	—	—	—
	G-NiAlBzF 60	80	—	—	—	—
Messing, Sondermessing DIN 1709 DIN 17660 DIN 17661	G-Ms 64	64	—	33	÷ 3	—
	Ms 80	80	—	20	—	—
	Ms 58	58	—	40	2	—
	SoMs 76	76	—	20	0,07	—
	SoMs 58 Al 2 (hart)	58	÷ 0,5	32	÷ 0,8	—

Kupfer-Zinn-Zink-Legierungen wird als Rotguß bezeichnet. DIN 1718 gibt einen Überblick über die Einteilung und Benennung der Kupferlegierungen.

321. Zinnbronzen

Von technischer Bedeutung sind nur die Legierungen mit bis zu 20% Zinn. Die Knetlegierungen enthalten bis etwa 10% Sn, während durch höhere Zinngehalte die Bronzen verspröden, so daß sie oberhalb 10% Sn nur noch gießbar sind. Der Schmelzbereich dieser Legierungen erstreckt sich von 1083 (reines Cu) bis etwa 750° C. Das spez. Gewicht der Zinnbronzen beträgt 8,7 bis 8,9 g/cm^3 je nach Zinngehalt. Einen Anhalt für Zusammensetzung und Festigkeits-Kennwerte von Zinnbronzen geben einige Beispiele in Zahlentafel 10.

Zum größeren Teil werden die Zinnbronzen als *Gußlegierungen* verarbeitet, die bei Zinngehalten über 10% keinerlei

tafel 10:
einiger Kupfersorten und Kupferlegierungen

(ungefähre Werte)					Eigenschaften (Richtwerte)			
Al %	Ni %	Mn %	Si %	Fe %	$\sigma_{0,2}$ kg/mm²	σ_B kg/mm²	δ %	HB 10 kg/mm²
–	–	–	–	–	–	23–26	38	45– 60
–	–	–	–	–	–	21–24	38	45– 60
					–	25–29	10	60– 80
					–	30–36	5	80– 95
					–	37–40	2	90–110
–	–	–	–	–	20	22	1	200
–	–	–	–	–	17	32	15	100
–	–	–	–	–	–	40	60	85
–	–	–	–	–	–	33	40	70
–	–	–	–	–	10	24	18	80
9	–	–	–	–	18	45	25	110
10	4,5	–	–	4	35	70	20	180
–	–	–	–	–	8	20	20	60
–	–	–	–	–	–	33	43	65
–	–	–	–	–	–	44	25	90
2	0,5	0,1	–	0,07	16	35	45	70
2	÷ 2	÷ 3	÷ 0,8	1	(28)	(60)	(10)	(140)

Reckbeanspruchung im kalten Zustand mehr zulassen. Von den vielen Legierungsmöglichkeiten sind für die technische Verwendung einige Zusammensetzungen in DIN 1705 genormt. Diese Bronzen werden im allgemeinen in Sandformen oder in angewärmte Kokillen vergossen. Durch Schleuderguß in rotierende wassergekühlte Kokillen wird infolge rascherer und beherrschbarer Abkühlung eine erhebliche Verbesserung der Festigkeit erzielt. Die Schleudergußlegierungen (z. B. GZ SnBz 12 DIN 1705) werden deshalb bevorzugt für höher beanspruchte Rotationskörper (Rohre, Ringe usw.) verwendet.

Die zinnärmeren Bronzen bis etwa 10% Zinngehalt können als *Knetlegierungen* durch Walzen und Ziehen zu Blechen, Stangen, Rohren und Drähten verarbeitet werden. Da das Ausgangsmaterial (Gußblöcke oder Schleudergußplatten) mit Phosphor desoxydiert wird, findet man häufig noch die Bezeichnung „Phosphorbronze". Die frühere Benennung „Walzbronze“ für diese Knetlegierungen ist jetzt allgemein durch „Zinnbronze“ ersetzt. Die genormten Kurzzeichen und Legierungszusätze finden sich in DIN 17 662.

Zahlentafel 11: Festigkeitseigenschaften von Zinnbronze SnBz 8 in Abhängigkeit von Kaltverformung und Glühbehandlung

Zustand (kaltgew. u. geglüht)	Zugfestigkeit kg/mm²	Dehnung %	Härte HB 10 kg/mm²
federhart	75—85	10— 3	200—240
hart	60—75	15—10	150—200
halbhart	40—60	30—15	110—150
weich	35—42	70—50	80— 90

Während der Verarbeitung tritt wie beim reinen Kupfer eine Festigkeitssteigerung ein. Durch Glühbehandlung lassen sich die Festigkeitseigenschaften in weiten Grenzen verändern; in Zahlentafel 11 sind als Beispiel die Festigkeitswerte für SnBz 8 bei verschiedenen Wärmebehandlungszuständen zusammengestellt. Die Verwendung der Zinnbronzen ist auch heute noch durch ihre besonderen Eigenschaften gerechtfertigt. Ihre Härte und Festigkeit wird für Konstruktionselemente im Maschinenbau, ihre hohe Dehnung z. B. für Webedrähte in der Textilindustrie, ihr elastisches Verhalten besonders für Federn und ihre Korrosionsbeständigkeit im Schiffbau und in der chemischen Armaturenindustrie ausgenutzt.

322. Mehrstoff-Zinnbronzen und Rotguß

Die reinen Zinnbronzen können durch Zusatz weiterer Elemente in ihren Eigenschaften weitgehend beeinflußt werden. Die genormten Mehrstoffbronzen sehen Zinkzusätze zwischen 3 und 7% sowie einen Bleizusatz von 3 bis 5% vor (z. B. MSnBz 4 Pb DIN 17662, vgl. Zahlentafel 10). Die Gußlegierungen entsprechender Zusammensetzung werden als Rotguß bezeichnet und sind zusammen mit den Gußzinnbronzen in DIN 1705 enthalten. Darüber hinaus sind geringe Beimengungen z. B. von Al, Fe, Mn, Ni gebräuchlich und zugelassen.

Die Zinkzusätze erhöhen einerseits die Festigkeit der Zinnbronzen und ergeben zum anderen einen dünnflüssigen und blasenfreien Guß, der für dünnwandige Rotgußteile geeignet ist. Die Knetlegierung MSnBz 6 wird z. B. wegen ihrer hohen Festigkeit und Härte zu Bändern und Drähten als Federmaterial verarbeitet.

Der Bleizusatz bewirkt eine leichtere Zerspanbarkeit der sonst recht spröden Zinnbronzen. Außerdem werden die Gleiteigenschaften verbessert, so daß diese Mehrstoffbronzen auch als Lagermetalle Verwendung finden.

Die Guß-Mehrstoff-Zinnbronzen tragen einem früheren Sprachgebrauch zufolge auch in den neuen Normen (DIN 1718 und 1705) noch die Benennung *Rotguß*. Sie stellen eigentlich einen Zwischenzustand zwischen der reinen Zinnbronze und dem Messing dar. Rotguß wird aus den Einzelkomponenten Kupfer, Zinn, Zink (Blei) oder aus Altmaterial zusammengeschmolzen und entweder sofort zu Fertigteilen oder auch zu Barren vergossen, die später zum Vergießen wieder eingeschmolzen werden. Die Gießtemperatur beträgt 1150° C, für Formteile werden vorwiegend Sandformen, für Halbzeuge auch Metallformen verwendet.

Die mechanischen Eigenschaften zeigen bei den verschiedenen Rotgußsorten nur geringe Unterschiede, sie werden jedoch durch die Gieß- und Erstarrungsverhältnisse stark beeinflußt. In DIN 1705 sind für die Rotgußlegierungen die Legierungszusätze und Festigkeitseigenschaften zusammengestellt. Bei Schleuderguß (GZ Rg) liegen die Festigkeitswerte höher als die für normalen Guß gültigen Werte (z. B. Zahlentafel 10). Bei Temperaturen oberhalb 200° C nimmt die Festigkeit stark ab, so daß höhere Betriebstemperaturen zu vermeiden sind. Der Festigkeitsabfall über der Temperatur verläuft dann ähnlich wie beim reinen Kupfer (Abb. 29), ist jedoch mit einer wesentlich stärkeren Versprödung verbunden, so daß bei 300° C schon praktisch keine Dehnung mehr vorhanden ist.

Wegen seiner Korrosionsbeständigkeit ist Rotguß geeignet für Ventile, Schieber, Rohrflansche, Zubehörteile für Pumpen, Kondensatoren, auch für verschleißbeanspruchte Maschinenteile wie Schneckenräder, Schiffswellenbezüge, Mäntel für Papierwalzen und Kalander. Die Rotgußlegierungen besitzen verhältnismäßig gute Gleiteigenschaften und werden daher auch vielfach für Lager verwendet, z. B. Lokomotivlagerschalen, Gleitplatten u. dgl.

323. Weitere Bronzen

Mit zunehmender Rationalisierung des Hüttenwesens entstanden neben den ursprünglichen Zinnbronzen weitere Bronzen, die Zinn nicht als Hauptlegierungszusatz enthalten und die sich in manchen Eigenschaften den Zinnbronzen sogar überlegen erweisen. So entwickelte die fortschreitende Legierungstechnik auch eine Reihe von Bronzen für besondere Anwendungsgebiete, von denen die wichtigsten im folgenden genannt seien.

Aluminiumbronze: Der Zusatz von Aluminium wirkt desoxydierend auf den CuO_2-Gehalt der Schmelze und damit günstig auf die Beschaffenheit der Legierung. Bis 9% Al werden von Kupfer in fester Lösung aufgenommen, bei höheren Al-Gehalten versprödet die Legierung. Für Zweistoff- wie für Mehrstofflegierungen geht man daher nicht über 10% Al und verwendet die Aluminiumbronzen vorwiegend als Gußlegierungen in den Zusammensetzungen nach DIN 1714 (Beispiel in Zahlentafel 10). Sie können jedoch auch warmverformt werden. Legierungen mit niedrigerem Al-Gehalt sind auch kaltverformbar (Biegen, Tiefziehen). Die Mehrstofflegierungen enthalten als Zusätze Fe, Ni, Mn, Zn.

Durch den Nickelzusatz erhält die Mehrstoff-Aluminiumbronze eine hohe Warmfestigkeit, während ohne Anwesenheit von Nickel ebenso wie beim Kupfer auch hier die Festigkeit oberhalb 200° C stark abfällt. Die warmfesten Legierungen findet man als Heißdampfarmaturen und sonstige Bauteile, die Wärmebeständigkeit mit Korrosionssicherheit vereinen müssen. Die hervorragende Eigenschaft der Aluminiumbronzen ist nämlich ihre Korrosionsbeständigkeit, die ihnen im Schiffsmaschinenbau, im Pumpen- und im chemischen Apparatebau nach wie vor ein breites Anwendungsgebiet schafft.

Bleibronze: Als (Guß-)Bleibronzen bezeichnet man heute „Gußlegierungen aus mindestens 60% Kupfer und dem Hauptlegierungszusatz Blei. Üblich sind Bleigehalte bis zu 28%, in Sonderfällen bis zu 35%. Guß-Zinn-Bleibronzen sind Gußlegierungen aus Kupfer, Blei und Zinn. Üblich sind Bleigehalte bis zu 28% und Zinngehalte bis zu 10% sowie weitere Legierungszusätze an Nickel und Zink". (DIN 1716).

Die Besonderheit dieser Kupfer-Blei-Legierungen besteht darin, daß diese beiden Elemente praktisch keine Mischung oder Verbindung miteinander eingehen. Das Blei ist deshalb rein in mehr oder weniger feiner Verteilung im Kupfergrundgefüge eingelagert. Diese Struktur macht die Bleibronzen für Knetbehandlung ungeeignet, sie werden ausschließlich als Gußlegierungen, und zwar meist im Verbundguß auf Stahl- oder anderen Stützkörpern verwendet. Das Hauptanwendungsgebiet der Bleibronzen sind nämlich die Gleitlager, da der Gefügeaufbau ihnen ganz hervorragende Gleiteigenschaften gibt. Sie sind für hochbelastete und besonders auch für schwingend und stoßweise beanspruchte Lager (z. B. Pleuellager in Verbrennungsmotoren) bisher allen anderen Lagerwerkstoffen überlegen.

In DIN 1716 sind neben der Zusammensetzung die üblichen Festigkeitskennwerte angegeben, wenngleich für die Eignung als Gleitlagerwerkstoff die Zugfestigkeit kaum von Bedeutung ist. Die Verwendung dieser Legierungen erstreckt sich jedoch auch auf korrosionsbeständige Gußstücke wie Säurearmaturen usw.

Nickelbronze: Kupfer und Nickel sind in jedem Mischungsverhältnis ineinander löslich, wobei Nickel die Festigkeit der Legierung beträchtlich erhöht, aber zugleich die Dehnung so vermindert, daß die Nickelbronzen vorwiegend als Gußlegierungen in Gebrauch sind. Sie enthalten bis zu 60% Ni, 5 bis 10% Sn und bis 2% Zn und können durch entsprechende Wärmebehandlung ausgehärtet werden (Ausscheidungshärtung). Auf Grund ihrer hohen Warmfestigkeit, ihrer Korrosions- und Verschleißbeständigkeit werden sie vorzugsweise für Kondensatorrohre, Gehäuse von Heißdampfventilen, Ventilsteuerungen, verschleißfeste Teile von Kesselspeisepumpen usw. verwendet.

Berylliumbronze: Diese Kupferlegierung mit 2 bis 3% Berylliumzusatz zeichnet sich durch höchste Festigkeitseigenschaften (auch besonders hohe Wechselfestigkeit), hohen Verschleißwiderstand, gute Wärmeleitfähigkeit und chemische Beständigkeit aus. Sie ist ebenfalls aushärtbar und erreicht dadurch eine Zugfestigkeit von 135, eine Brinellhärte von 400 kg/mm². Für Federelemente und für Gußteile in der Feinmechanik wird Berylliumbronze angewandt, wenn die geforderten Eigenschaften den verhältnismäßig hohen Preis rechtfertigen.

Manganbronze: Kupfer-Mangan-Legierungen mit bis zu 15% Mn haben neben guter Korrosionsbeständigkeit eine ausgezeichnete Warmfestigkeit, die durch Kaltverformung noch erhöht werden kann. Die sogenannte „Heißdampfbronze“ wird z. B. durch Kaltverformung in ihrer Zugfestigkeit bei Raumtemperatur von 45 auf 56 kg/mm² gesteigert, bei 300° C betragen die entsprechenden Werte noch 36 bzw. 48 kg/mm². Man verwendet dieses Material für Kesselarmaturen u. dgl. Für Stehbolzen in Lokomotiv- und Schiffskesseln kommen meist niedriger legierte Manganbronzen in Betracht.

33. Messing

Messing ist eine Legierung aus Kupfer und Zink, die bereits im Altertum, lange bevor das Zink als selbständiges Metall bekannt war, durch Zusammenschmelzen von Kupfer mit zinkhaltigen Erzen (Galmei, Zinkblende) gewonnen wurde. Die Zusammensetzung der so erhaltenen Legierungen war ungewiß und wurde vielfach durch Nachbehandlungen reguliert. Heute wird Messing in definierten Legierungsverhältnissen aus Kupfer und Zink, meist mit Zugabe von Altmessing erschmolzen. Der Mindestgehalt an Kupfer beträgt bei Guß- und Knetlegierungen 54%, d. h. es ist ein sehr hoher Zinkgehalt möglich, ohne daß die gute Gießbarkeit bzw. Knetbarkeit und die gute Beständigkeit gegen Luftkorrosion beeinträchtigt werden. Bei dem niedrigen Preis des Zinks gehören damit die Messinglegierungen zu den billigsten korrosionsfesten Werkstoffen und haben mit ihren mittleren bis guten Festigungseigenschaften ein sehr weites Anwendungsgebiet.

331. Gußmessing

Der Messingformguß dient zur Herstellung korrosionsbeständiger Armaturen, Geräteteile, Beschlagteile usw., die meist keine Nachbearbeitung erfordern. Die Messing-Gußlegierungen werden in Sandformen oder Kokillen vergossen. Der Schleuderguß bringt ein dichteres Gefüge mit höheren Festigkeitseigenschaften. Große Stückzahlen für geringere Anforderungen können auch im Druckgußverfahren hergestellt werden. Besondere Erwähnung verdient der Strangguß, ein kontinuierliches Verfahren zum Gießen von Profilen. Die gebräuchlichen Gußmessingqualitäten sind in DIN 1709 nach Zusammensetzung und Eigenschaften genormt. Sie enthalten bis zu 3% Bleizusatz zur Verbesserung der Zerspanbarkeit. In derselben Norm sind auch die Guß-Sondermessinge aufgeführt, Mehrstofflegierungen, von denen im Abschnitt 333 noch die Rede sein wird.

332. Knetlegierungen

Durch Walzen, Strangpressen und Ziehen läßt sich Messing zu Halbzeugen (Blechen, Bändern, Stangen, Profilen, Rohren, Drähten) verarbeiten. Die Legierungen bis etwa 37% Zn sind bei Raumtemperatur gut bildsam, während sie sich bei höheren Temperaturen praktisch meist schlecht verformen lassen. Das Kneten besteht deshalb bei diesen Legierungen vorwiegend in einer Kaltverformung. Dabei tritt wie bei allen Metallen eine Verfestigung ein, so daß bei starken Querschnittsverminderungen (z. B. Auswalzen von Blechen) Zwischenglühungen (600 bis 650° C) eingeschaltet werden müssem. Die Messinge mit 37 bis 46% Zn sind dagegen nur bei höheren Temperaturen gut knetbar. Die Warmverformung erfolgt je nach Zinkgehalt bei Temperaturen zwischen 450 und 900° C.

Auf Grund dieser Verarbeitbarkeit werden zum Walzen von Blechen vornehmlich die kaltwalzbaren Legierungen mit geringerem Zinkgehalt verwendet. Zum Strangpressen von Profilstangen und Rohren bevorzugt man die warmformbaren Legierungen. Die gepreßten Halbzeuge können in Stahlgesenken zu gebrauchsfertigen Warmpreßteilen weiterverarbeitet werden, die blank aus dem Gesenk kommen und nur noch entgratet werden müssen (Beschlagteile, Armaturen).

Die Zusammensetzung der Messing-Knetlegierungen kann aus dem DIN-Blatt 17 660 entnommen werden. In Zahlentafel 10 sind einige Messingsorten (Gußmessing, Knetmessing, Sondermessing) als Beispiele mit ihren Eigenschaften angegeben.

333. Sondermessing

Sondermessinge sind Kupfer-Zink-Legierungen, denen außer Blei noch weitere Metalle bis zur Gesamtmenge von 6% zugesetzt sind. Die „veredelnde“ Wirkung dieser Zusätze ist ähnlich wie bei den Mehrstoffbronzen, es handelt sich im einzelnen um Ni, Mn, Sn, Al, Fe sowie Silizium. Die Guß-Sondermessinge sind mit den Gußmessingsorten in DIN 1709 zusammengefaßt, und die Zusammensetzung der Knetlegierungen ist in DIN 17 661 festgelegt. Darüber hinaus gibt es eine große Zahl von Legierungen dieser Art, die unter den verschiedensten Handelsbezeichnungen laufen und je nach dem vom Hersteller angestrebten Verwendungszweck mehr oder weniger von der Normzusammensetzung abweichen.

Die Verwendung der Sondermessinge ist sehr vielseitig, wozu insbesondere die guten Festigkeitseigenschaften, die hohe Korrosionsbeständigkeit (vor allem gegen Witterungseinflüsse und Seewasser, aber auch gegen aggressive Medien), die Warmfestigkeit und die Gleiteigenschaften der einzelnen Legierungen beitragen. Sie sind deshalb als Konstruktionswerkstoffe im Maschinenbau bei jeglicher Korrosionsbeanspruchung beliebt (Schiffbau, Kondensator- und Wärmeaustauscherrohre), ebenso für Federn, für Wälzlagerkäfige, für Warmpreßteile und schließlich, wie fast alle Kupferlegierungen als Gleitlagerwerkstoffe. Die Guß-Sondermessinge findet man als Hochdruckarmaturen, als Druckmuttern an Walzwerken und Spindelpressen, als Stopfbuchsen, als Ventil- und Steuerungsteile, als Schiffspropeller usw.

334. Grundsätzliches über die Eigenschaften

Bei der Verbreitung und vielseitigen Anwendung der Messinglegierungen erscheinen über die in den Normen angegebenen Festigkeitskennwerte hinaus noch einige Bemerkungen über das grundsätzliche Verhalten angebracht.

Das spez. Gewicht liegt zwischen 8,2 und 8,8 g/cm³ je nach Zinkgehalt und Guß- oder Walzzustand. Die lineare Wärmedehnzahl beträgt rund $20 \cdot 10^{-6}$ m/m · grd im Bereich zwischen 0 und 100° C. Der E-Modul ist wie bei allen Nichteisenmetallen spannungsabhängig und wird im Mittel mit $1{,}0 \cdot 10^4$ kg/mm² gerechnet.

Die Festigkeitswerte werden von der Legierungszusammensetzung etwa in der Weise beeinflußt, wie Abb. 30 andeutet: Bis etwa 37% Zink steigt die Zugfestigkeit mit abnehmendem Kupfergehalt an und fällt dann nach höheren Zinkgehalten zu stark ab. Die Dehnung erreicht schon vor der Festigkeit ihr Maximum und sinkt nach Überschreiten der Höchstfestigkeit weiter, da der Festigkeitsverlust auf Versprödung zurückzuführen ist. Die Abhängigkeit der Festigkeitswerte von der Kaltverformung ist ähnlich wie beim reinen Kupfer (vgl. Abb. 27). Durch Glühen wird die Verfestigung wieder rückgängig gemacht, wobei besonders oberhalb etwa 350° C ein starker Abfall auftritt. Hier setzt nämlich die Rekristallisation ein, die auch der Warmfestigkeit der meisten dieser Legierungen eine Grenze setzt (vgl. Abb. 28 und 29). Die Zusätze bei den Sondermessingen vermögen teilweise die Rekristallisation in das Gebiet höherer Temperaturen zu verschieben.

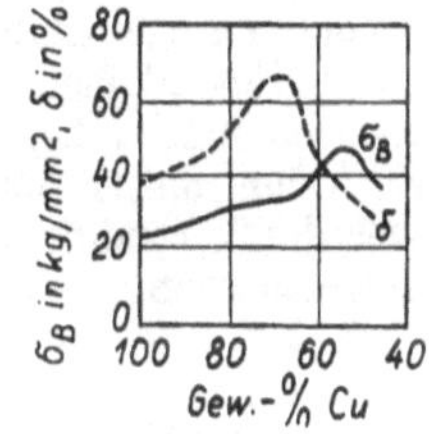

Abb. 30. Einfluß der Legierungszusammensetzung auf die Festigkeit von Messing (Knetlegierung)

Das Korrosionsverhalten der Messinglegierungen ist zunächst gut, da sie sich wie das reine Kupfer mit einer Oxydschicht überziehen, die zumindest vor atmosphärischen Angriffen schützt. Bei Berührung mit bestimmten aggressiven Medien (sauren oder salzhaltigen Flüssigkeiten) kann jedoch eine besondere Art der Korrosion auftreten, die man als Entzinkung bezeichnet; sie besteht in einer Auflösung von Kupfer und Zink, die zum völligen Zusammenbrechen des Materials führen kann. Außerdem ist die Gefahr der Spannungskorrosion gegeben, d. h. unter Einwirkung von Zugspannungen bei gleichzeitigem chemischen Angriff (aggressive Flüssigkeiten oder Gase) entstehen feine Risse an der Oberfläche, die nicht nur die Festigkeit vermindern, sondern auch ein weiteres Vordringen der Korrosion begünstigen. Sowohl von außen aufgebrachte Zugbeanspruchungen können diese Rißbildung hervorrufen, als auch Eigenspannungen, die etwa von der Kaltverformung im Werkstoff vorhanden sind und die deshalb tunlichst durch entsprechendes Glühen beseitigt werden. Durch hohen Kupfergehalt sowie durch die Zusätze der Sondermessinge kann man der Spannungskorrosion ebenso wie der Entzinkung entgegenwirken. Eine weitere Erscheinung, die beim Messing beachtet werden muß, ist die interkristalline Korrosion, die als Folge der Spannungskorrosion, besonders aber durch Eindiffundieren von Lötmitteln (Lötbrüchigkeit) eintreten kann.

4. Leichtmetalle

41. Aluminium und seine Legierungen

411. Aluminium-Erzeugung

Aluminium gehört zu den jüngeren Metallen, denn erst 1825 gelang Oersted wahrscheinlich der erstmalige, noch nicht ganz einwandfreie Nachweis. 1827 konnte Wöhler das erste Aluminium in kleinen Metallflittern einwandfrei darstellen.

Die erste Aluminiumhütte wurde 1886 gegründet. Die stürmische Entwicklung des Aluminiums setzte aber erst ein, nachdem es 1906 Alfred Wilm gelungen war in Duralumin[1]) (auch Dural, fälschlicherweise manchmal Duraluminium genannt) eine hochfeste „aushärtbare“ Leichtmetallegierung zu

[1]) Handelsmarke

schaffen. Diese Legierung bildet die Grundlage für die Verwendung des Aluminiums bei hohen mechanischen Beanspruchungen. Sie machte in Verbindung mit dem geringen Gewicht die Anwendung des Aluminiums vor allen Dingen im Flugzeugbau unentbehrlich.

Rein, d. h. im gediegenen Zustand, kommt Aluminium in der Natur nicht vor. Das technische Ausgangsprodukt ist Bauxit, der meist etwa 55 bis 65% Tonerde (Al_2O_3), Rest Eisenoxyd, Wasser und Kieselsäure enthält. Als Hauptfundstätten kommen Südfrankreich, Ungarn, Dalmatien, Istrien, Rußland, Griechenland, Arkansas, Guyana, Kanada u. a. in Betracht.

Eine Reduktion durch Kohle wie bei den meisten anderen Metallen ist wegen der großen Neigung des Aluminiums, sich mit Sauerstoff zu verbinden, nicht möglich. Die Aluminiumherstellung erfolgt in zwei Stufen:

1. Aufbereitung des Bauxits und Gewinnung der reinen Tonerde Al_2O_3;
2. Reduktion der Tonerde zu Aluminium durch Elektrolyse.

Zur Aufbereitung des Bauxits sind verschiedene Verfahren möglich, von denen sich am meisten das Bayer-Verfahren durchgesetzt hat (in Abb. 31 schematisch dargestellt).

Die Abscheidung des Aluminiums aus der Tonerde wird ausschließlich durch Elektrolyse vorgenommen. Diese *Schmelzflußelektrolyse* wurde zuerst von St. Claire-Deville und Bunsen 1854 angegeben und dann technisch weiterentwickelt von Héroult und Hall (1886). Der Elektrolyseofen (Héroult-Ofen) für die Aluminiumerzeugung unterscheidet sich von dem in der Stahlindustrie gebräuchlichen Lichtbogenofen (vgl. Abb. 19) im wesentlichen durch die Bodenelektrode: Der Herd ist mit Kohle ausgefüttert und bildet die Kathode. An den in das Schmelzgut hineinragenden Kohleelektroden (Anode) zersetzt sich das Al_2O_3, der Sauerstoff verbrennt mit dem Kohlenstoff zu CO_2. Das Aluminium wandert mit dem Strom und wird am Ofenfutter ausgeschieden. Es sammelt sich auf der Sohle des Herdes und wird von Zeit zu Zeit abgelassen.

In dem ganzen Erzeugungsprozeß fällt eine Tonne Rohaluminium aus 2 t Tonerde bzw. aus 4 t Bauxit an, wofür

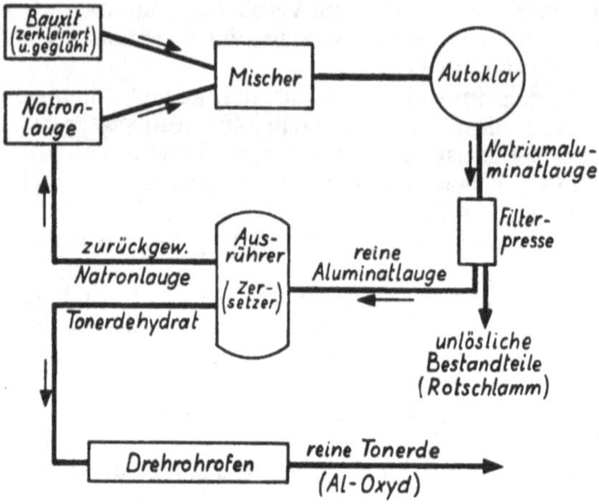

Abb. 31. Gewinnung der Tonerde nach dem Bayer-Verfahren (schematisch)

etwa 20 000 kWh gebraucht werden. Der Energieaufwand ist also sehr hoch, denn 20 000 kWh entsprechen etwa 10 t Koks, und für die Erzeugung von 1 t Roheisen wird nur 1 t Koks benötigt. Die Wirtschaftlichkeit gebietet deshalb im allgemeinen, die Aluminiumhütten in die Nähe von Kraftwerken zu legen, da der Transport des Stromes teurer ist als der des Bauxits. Das Rohaluminium wird noch einmal umgeschmolzen zur Vergleichmäßigung des Gefüges und der chemischen Zusammensetzung und ist dann im Handel als Hüttenaluminium (98—99% Al) erhältlich. Durch weitere Raffination läßt es sich auf einen Reinheitsgrad von 99,99% und mehr bringen (Reinstaluminium). Die verschiedenen Reinheitsgrade vom Hüttenaluminium bis zum Reinstaluminium sind in DIN 1712 festgelegt.

412. Eigenschaften und ihre Beeinflussung

Seine Bedeutung im Maschinenbau verdankt das Aluminium neben den mechanischen Eigenschaften, die bei einigen Legierungen die Festigkeitswerte von Stahl erreichen können, vor allem seinem geringen Gewicht und seiner im allgemeinen guten Korrosionsbeständigkeit. Reines Aluminium widersteht chemischen Angriffen am besten, es überzieht sich an der Luft mit einer Oxydschicht, die die Oberfläche vor weiteren Einflüssen schützt. Bei Berührung mit anderen Metallen wird jedoch ein elektrochemischer Vorgang ausgelöst, der stark zerstörend wirken kann. Auch in Legierungen können sich zwischen dem Aluminium und etwa vorhandenen heterogenen Legierungsbestandteilen Lokalelemente bilden, die das Aluminium galvanisch abbauen und zerstören. Diese Korrosionsgefahr besteht besonders bei den Aluminium-Kupfer-Legierungen, die hochfesten Al Cu Mg-Legierungen werden deshalb am sichersten gegen äußere Angriffe geschützt durch Plattieren mit Reinaluminium. Sie können auch wie die meisten übrigen Al-Legierungen anodisch oxydiert werden. Durch elektrolytische Behandlung wird die natürliche Oxydschicht auf der Oberfläche verstärkt und damit ein erhöhter Korrosionsschutz erzielt.

Reinaluminium hat einen Schmelzpunkt von 658° C, das spez. Gewicht beträgt 2,69 g/cm³, die lineare Wärmedehnzahl $24 \cdot 10^{-6}/°$ C. Der Elastizitätsmodul wird im Durchschnitt mit 7600 kg/mm² angegeben, die Zugfestigkeit liegt bei 8, die Brinellhärte bei 20 kg/mm². Trotz der geringen mechanischen Festigkeit wird Reinaluminium für die Herstellung von Halbzeugen (Bleche, Bänder, Rohre, Stangen, Drähte, Profile: DIN 1788—1790) verwendet, weil diese sich sehr gut verformen (Kaltverfestigung!) und oberflächenbehandeln lassen und eine bessere Korrosionsbeständigkeit haben als legiertes Aluminium. Bei Glühbehandlungen neigt Aluminium um so stärker zum Kornwachstum, je reiner es ist. Die Gefahr einer Grobkornbildung ist also für Reinstaluminium am größten.

*Legierungs*zusätze verändern die Eigenschaften des Reinaluminiums insbesondere dadurch, daß die entstehende Gefügeausbildung verschiedenen Umwandlungen zugänglich ist. Aluminium wird mit einer großen Zahl von Metallen legiert, von denen Kupfer, Magnesium, Mangan, Zink und Silizium als die kennzeichnenden Legierungspartner gelten können, während z. B. Eisen, Nickel, Blei, Titan, Zinn in geringeren Mengen zugesetzt werden. Die vier erstgenannten Elemente bilden Mischkristalle, die auch schon bei sehr niedrigen Legierungsgehalten sehr wirksam die Festigkeit erhöhen. Aus diesem Grunde ist schon das Reinaluminium merklich fester als Reinstaluminium. Sind höhere Gehalte an Legierungszusätzen vorhanden, so kann bei Glühbehandlung (Homogenisierungs- oder Lösungsglühen) mit rascher Abkühlung die Löslichkeitsgrenze überschritten werden, und es entstehen übersättigte Mischkristalle. Durch anschließendes Ausscheiden des Überschusses in feinster Verteilung über das ganze Gefüge ergibt sich bei den sogenannten aushärtenden Legierungen eine Blockierung der Gleitebenen, die eine erhebliche Festigkeitssteigerung zur Folge hat.

Der hier nur grob skizzierte Vorgang der *Ausscheidungshärtung* kann durch Veränderung von Art und Menge der Zusätze abgewandelt und bei unterschiedlichen Temperaturen vorgenommen werden. Grundsätzlich unterscheidet man zwischen Kaltaushärtung und Warmaushärtung. Bei den kaltaushärtenden Legierungen geht nach dem Lösungsglühen und Abschrecken die Ausscheidung innerhalb einiger Tage bei Raumtemperatur vor sich. Einige dieser Legierungen werden bereits bei so geringen Abkühlungsgeschwindigkeiten übersättigt, daß Gußstücke nach dem normalen Abkühlen in der Form durch Lagern aushärten können („selbstveredelnde Legierungen“). Andere, nur niedrig legierte Sorten härten nur wenig aus, können aber dann durch Kaltverformung eine erhebliche zusätzliche Verfestigung erfahren. Solche Legierungen werden z. B. für Nieten verwendet, die nach dem Schlagen (Kaltverformen) noch aushärten. Die warmaushärtenden Legierungen müssen erst auf 100 bis 200° C angelassen werden, um die Ausscheidung auszulösen. Dies hat den Vorteil, daß die Legierungen nach dem Abschrecken bis zur Weiterverarbeitung gelagert werden können, ohne daß eine (ungewollte) Aushärtung eintritt. Es sind dies besonders die niedrig legierten Typen, die eine gewisse Ausscheidungsträgheit haben. — Die Aushärtungsgefüge können durch Weichglühen (kurz unterhalb der Lösungstemperatur) normalisiert werden und lassen sich dann leicht spanlos verformen.

Da wegen der großen Zahl der Legierungen deren Eigenschaften nicht einzeln aufgeführt werden können, sollten die beiden folgenden Zahlentafeln 12 und 13 nur einen Anhalt

Zahlentafel 12:
Festigkeitseigenschaften von Aluminium-Knetlegierungen

Zustand	$\sigma_{0,2}$ kg/mm²	σ_B kg/mm²	δ_5 %
weich	10 (± 5)	20 (± 5)	17 (± 5)
halbhart.......	15 (± 5)	28 (± 5)	8 (± 2)
hart	18 (± 6)	30 (± 5)	7 (± 3)
kalt ausgehärtet	25 (± 3)	40 (± 5)	12 (± 4)

Zahlentafel 13:
Festigkeitseigenschaften von Aluminium-Gußlegierungen

Gußart und Zustand	$\sigma_{0,2}$ kg/mm²	σ_B kg/mm²	δ_5 %
Sandguß unbehandelt .	10 (± 3)	15 (± 5)	0,5 bis 8
ausgehärtet .	16 (± 5)	20 (± 5)	0,5 bis 8
Kokillenguß unbehandelt .	10 (± 2)	18 (± 5)	1 bis 8
ausgehärtet .	18 (± 5)	25 (± 5)	1 bis 10
Druckguß	—	18 bis 26	1 bis 3

geben für die Größenordnung der Eigenschaftswerte aus dem Zugversuch bei Knetlegierungen und Gußlegierungen in verschiedenen Verfestigungszuständen. Ebenso werden nachfolgend auch nur einige der in DIN 1725 enthaltenen Legierungsgruppen aufgezählt und ihre hauptsächlichen Verwendungsgebiete angegeben, denn eine vollständige Behandlung dieses 22seitigen DIN-Blattes würde den Rahmen des vorliegenden Bändchens überschreiten.

413. Knetlegierungen

DIN 1725, Blatt 1 enthält 14 Aluminium-Knetlegierungen mit den Angaben über ihre Hauptzusammensetzung und die

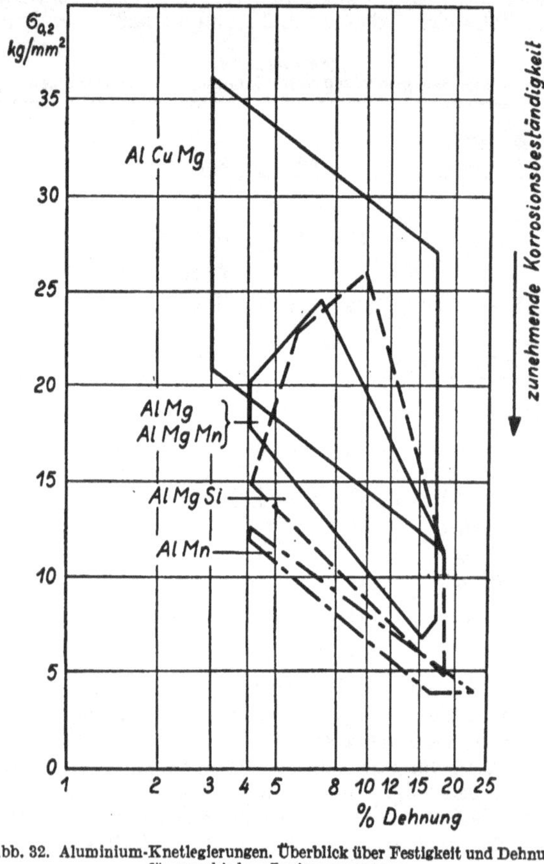

Abb. 32. Aluminium-Knetlegierungen. Überblick über Festigkeit und Dehnung für verschiedene Legierungsgruppen

Zahlentafel 14: Aluminium-Knetlegierungen nach DIN 1725

Legierungs-Gruppe	Hauptzusätze %	Kennzeichnende Eigenschaften	Lieferform	Richtlinien für die Verwendung
Al Cu Mg (auch Al Cu Mg Pb)	Cu 2,5—5,0 Mg 0,2—1,8	bei Raumtemp. aushärtend, sehr hohe Festigkeit, gut verformbar; wenn plattiert, gute Korrosionsbeständigkeit	Bleche und Bänder: DIN 1745; Rohre: DIN 1746; Vollstangen und Drähte: DIN 1747; Profilstangen: DIN 1748; Preßteile und Schmiedestücke: DIN 1749	hochwertiger Konstruktionswerkstoff für mechanisch hochbeanspruchte Bauteile aller Art.
Al Mg Si (auch Al Mg Si Pb)	Mg 0,6—1,4 Si 0,6—1,2	warmaushärtend, mittlere Festigkeit, gut verformbar, gute Korr.-Beständigkeit		Bauteile mittlerer mechanischer Beanspruchung bei guter chemischer Beständigkeit.
Al Mg 3 Si	Mg 2,0—4,0 Si 0,5—0,8	nicht aushärtbar, mittlere Festigkeit, sehr gute Korrosionsbeständigkeit		Behälterbau, Schweiß-Konstruktionen bei hoher Witterungsbeständ.
Al Mg 3 Al Mg 5 Al Mg 7	Mg 2,0—4,0 Mg 4,0—5,5 Mg 5,5—7,5	nicht aushärtbar, hohe Festigkeit (mit Mg zunehmend), gut verformbar, sehr gute Korros.-Beständigkeit		mech. mittel- bis hochbeanspr. Bauteile mit guter chem. Beständigk., Schiffbau, chemische u. Nahrungsmittelindustrie.
Al Mn	Mn 1,0—1,5	nicht aushärtbar, geringe Festigkeit, sehr gute Korros.-Beständigkeit		korrosionsbeanspr. Bauteile für geringere mech. Anforderungen.
Al Cu Ni	Cu 3,5—4,5 Ni 1,8—2,2	bei Raumtemperatur aushärtend, hohe Festigkeit, gute Warmfestigk.	Preßteile und Schmiedestücke	mechan. hochbeanspr., warmfeste Teile, z. B. Zylinderköpfe, Kolben von Brennkraftmaschin.
Al Zn Mg (Al Zn Mg Cu)	Zn 4,5—5,8 Mg 2,7—3,0 (Cu 1,8)	warm aushärtend, hohe Festigkeit, gute Warmfestigkeit, gute Korros.-Beständigkeit (ohne Cu), kerbempfindlich		hochbeanspruchte Bauteile im Flugzeugbau, Bergbau, Fahrzeugbau.

zulässigen Beimengungen. Der Bezeichnung der Legierungsgruppen werden in der Auswahl in Zahlentafel 14 die Anwendungsgebiete und die dafür gültigen Normen hinzugefügt.

Einen Überblick über das Festigkeitsverhalten dieser Legierungen gibt Abb. 32. In dem Diagramm sind die in den Normen angegebenen Richtwerte für die Streckgrenze ($\sigma_{0,2}$) über der zugehörigen Bruchdehnung (δ_5) aufgetragen. Aus den damit sich ergebenden Bereichen für die einzelnen Legierungsgruppen sieht man deutlich, wie grundsätzlich die Dehnung mit steigender Festigkeit abnimmt und wie z. B. die Al Mn-Legierungen für hochbeanspruchte Bauteile nur wenig Bedeutung haben (ihre Anwendung wird vornehmlich durch die Korrosionsbeständigkeit begründet). Dagegen erhöht Mg-Zusatz die Streckgrenze beträchtlich, und die Al Cu Mg-Legierungen umschließen ein breites Gebiet hoher Festigkeit bei gleichzeitig großer Zähigkeit. Die in diese Gruppe gehörenden Legierungen vom Typ Duralumin sind daher für hochfeste Teile nach wie vor besonders bevorzugt.

414. Gußlegierungen

Eine Legierung läßt sich umso besser gießen, je niedriger ihr Schmelzpunkt ist. Da der Schmelzpunkt durch Legierungszusätze stark gesenkt werden kann, sind die Aluminium-Gußlegierungen im allgemeinen hochlegierte Werkstoffe. Diese hohen Legierungsanteile treten meist als sogenannte intermetallische Verbindungen im Gefüge auf, die als spröde Einlagerungen die Dehnung der Aluminium-Gußlegierungen oft auf 1% und weniger herabsetzen. Die Dehnung läßt sich also zunächst nur auf Kosten der Gießbarkeit durch Veränderung des Legierungsgehaltes erhöhen.

Für 19 Aluminium-Gußlegierungen sind in DIN 1725, Blatt 2, neben der Zusammensetzung mit den zulässigen Beimengungen auch Richtwerte für die Festigkeit angegeben. Nach diesen Richtwerten wurden in Abb. 33 ebenfalls die Streckgrenzen ($\sigma_{0,2}$) über den zugehörigen Bruchdehnungen (δ_5) aufgetragen. Damit ergeben sich drei Hauptbereiche, Gußlegierungen mit sehr geringer Dehnung (unter 1%), mit

Dehnungen um 1% und mit verhältnismäßig hoher Dehnung (2—5%).

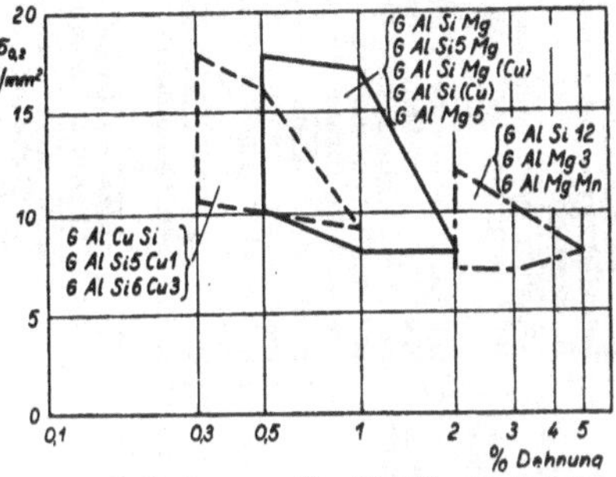

Abb. 33. Aluminium-Gußlegierungen. Überblick über Festigkeit und Dehnung für die einzelnen Legierungsgruppen.

Zum letzten Bereich der noch gut verformbaren Gußlegierungen gehört die Gruppe G-Al Si mit hohem Siliziumgehalt[1]), die allerdings nur geringe Festigkeit hat. Durch Zulegieren von Magnesium oder Kupfer steigt die Festigkeit bei verminderter Dehnung (mittlerer Bereich), während eine Verringerung des Si-Gehalts zusammen mit Kupfer oder die Umkehrung des Verhältnisses von Kupfer und Silizium zur Versprödung führt. Eine Aluminium-Magnesium- oder Al Mg Mn-Legierung mit Magnesiumgehalten unter 3% ergibt einen Guß hoher Zähigkeit, höherer Mg-Gehalt steigert dagegen die Festigkeit und verkleinert die Dehnung.

Zahlentafel 15 enthält als Auszug aus dem Normblatt einige Gußlegierungen mit ihren Anwendungsgebieten.

415. Verarbeitung

Nach dem Raffinationsschmelzen wird das *Hüttenaluminium* zu Barren oder Blöcken (oder auch zu Strängen bei kontinuierlichem Verfahren) vergossen, die dann je nach Eignung der Legierung durch Kneten oder Gießen weiterverarbeitet werden. Für die Gießereiindustrie hat auch das *Umschmelz-*

[1]) Handelsmarke „Silumin".

Zahlentafel 15: Aluminium-Gußlegierungen nach DIN 1725

Legierungs-Gruppe	Hauptzusätze %	Kennzeichnende Eigenschaften	Richtlinien für die Verwendung
G-Al Si auch G-Al Si (Cu)	Si 11,0 — 13,5	nicht aushärtbar, mittlere Festigkeit, geringe Warmfestigkeit, gute Korrosionsbeständigkeit	dünnwandige Gußstücke (stoßfest, schwingungsfest, flüssigkeitsdicht) von guter chemischer Beständigkeit
G-Al Si Mg auch G-Al Si Mg (Cu)	Si 9,0 — 10,0 oder 11,0 — 13,0 Mg 0,25 — 0,4	aushärtend, hohe Festigkeit, gute Korrosionsbeständigkeit	wie oben, höchste Beanspruchg. Schiffbau, chemische Industrie
G-Al Mg Mn	Mg 1,5 — 3,0 Mn 0,6 — 1,3	aushärtend, mittlere bis hohe Festigkeit, gute Korrosionsbeständigkeit	mechan. mittel- bis hochbeanspruchte Gußstücke, Schiff- u. Schiffsmaschinenbau, Armaturen- und Apparatebau, chemische u. Nahrungsmittelindustrie
G-Al Mg 3	Mg 1,5 — 3,5		
G-Al Mg 5	Mg 4,5 — 5,5	hohe Festigkeit, gute Warmfestigkeit, geringe Korrosionsbeständigkeit	mech. hochbeanspr., warmfeste, aber nicht besonders korrosionsgefährdete Gußstücke (Zylinderköpfe)
G-Al Si 5 Mg	Si 4,0 — 6,0 Mg 0,5 — 0,8	aushärtend, mittlere bis hohe Festigkeit, gute Korrosionsbeständigkeit	Gußstücke für chemische und Nahrungsmittelindustrie
G-Al Si 6 Cu 3	Si 5,5 — 7,0 Cu 2,0 — 4,0	mittlere bis hohe Festigkeit	dünnwandige Gußstücke mit mittl. bis hoher Beanspruchung
GD-Al Si 13	Si 11 — 13	Druckguß-Legierungen	verwickelte, auch flüssigkeitsdichte Gußstücke mit guter chemischer Beständigkeit
GD-Al Si 7	Si 6 — 10		
GD-Al Mg Si	Mg 0,3 — 2,5 Si 1,5 — 5		Gußstücke mit guter chemischer Beständigkeit
GD-Al Mg 9	Mg 6 — 10		
GD-Al Si Cu	Si 5 — 6,5 Cu 2 — 3		Gußstücke aller Art

aluminium eine große Bedeutung, das durch sorgfältige Schmelzführung aus Aluminiumabfällen und -schrott eingeschmolzen werden kann. Hierdurch lassen sich wesentliche Einsparungen an dem erheblich teureren Hüttenaluminium erzielen.

Die Gußlegierungen können wie alle übrigen Nichteisenmetalle sowohl im *Sandguß* als auch im *Kokillenguß* verarbeitet werden. Für hochwertige Konstruktionsteile gewinnt das verhältnismäßig moderne Verfahren des *Druckgusses* eine immer größere Bedeutung. Hierbei wird das flüssige Metall mit Preßluft (Heißkammermaschine) oder durch hydraulischen Druck (Kaltkammerdruckgußmaschine) mit großer Geschwindigkeit in die Form gepreßt und füllt infolgedessen alle Feinheiten der Form genau aus. In der Kaltkammerdruckgußmaschine verdichtet der sehr hohe Preßdruck auch noch das erstarrende Gußstück, so daß ein sehr gleichmäßiger und dichter Guß mit besonders guten mechanischen Eigenschaften entsteht.

Die Aluminium-Knetlegierungen werden durch *Warmverformung* oder durch *Kaltverformung* weiterverarbeitet. Die dabei eintretende Verfestigung erfordert gegebenenfalls Zwischenglühungen, damit nicht während der Verarbeitung eine zu starke Versprödung eintritt. Neben dem Walzen und Ziehen wird vor allem auch das Pressen und Schmieden angewandt. Im Strangpreßverfahren lassen sich alle nur denkbaren Profilformen herstellen. Auf diese Weise können durch die Anwendung von Hohlprofilen bei Konstruktionen teure Schweiß- und Nietverbindungen gespart und zudem die Festigkeit erhöht werden.

Für die *spangebende Bearbeitung* verwendet man Schneidwerkzeuge mit großen Spanwinkeln, die einen einwandfreien Spanabfluß gewährleisten. Sie sind meist aus Schnellstahl hergestellt oder werden, vor allem für die Bearbeitung hochsiliziumhaltiger Legierungen, mit Hartmetallschneiden versehen.

416. Dauerfestigkeit

Neben den vorangehenden allgemeinen Angaben über die Eigenschaften soll abschließend noch ein Wort über das

Verhalten bei Ermüdungsbeanspruchungen gesagt werden. Für die Biegewechselfestigkeit[1]) der Knetlegierungen kann man ähnlich wie bei den Stählen mit etwa 40 bis 50% der Zugfestigkeit rechnen, bei den höchstfesten Legierungen mit geringer Zähigkeit sinkt sie aber bis auf $^1/_4$ der Zugfestigkeit (vgl. Abb. 34). Je feiner dabei das Gefüge ausgebildet ist,

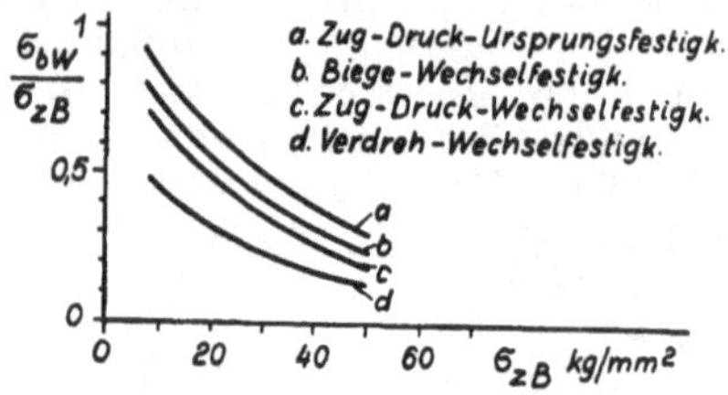

Abb. 34. Schwingungsfestigkeit von Aluminium-Knetlegierungen

desto mehr wird die Dauerfestigkeit von der Oberflächenempfindlichkeit (Kerbwirkung) beeinflußt. Bei den Gußlegierungen wird die äußere Kerbwirkung durch den inhomogenen Gefügeaufbau überdeckt: die Oberflächenempfindlichkeit ist gering. Die Biegewechselfestigkeit beträgt hier nur etwa 30% der Zugfestigkeit.

42. Magnesium und seine Legierungen

421. Gewinnung und Eigenschaften

Magnesium ist der leichteste metallische Baustoff, der als solcher im Maschinenbau Bedeutung hat. Es findet sich überall in der Erdoberfläche in Form verschiedener Magnesiumverbindungen, von denen für die technische Herstellung hauptsächlich der Magnesit ($MgCO_3$), der Dolomit ($CaCO_3 \cdot MgCO_3$) und der Karnallit ($MgCl_2 \cdot KCl \cdot 6\,H_2O$) verwendet wird. Aus diesen werden Magnesiumsalze gewonnen, die vorwiegend durch Elektrolyse im Schmelzfluß (wie die Tonerde zum Aluminium) zu reinem Magnesiummetall verarbeitet werden.

[1]) (Spannungsausschlag).

Reinmagnesium — es kann durch geeignete Raffinationsverfahren in einem Reinheitsgehalt bis zu 99,9% hergestellt werden — hat nur sehr geringe Festigkeit und ist daher als technischer Baustoff uninteressant. Das spez. Gewicht beträgt 1,74 g/cm³, der Schmelzpunkt liegt bei 650° C, und der lineare Wärmeausdehnungskoeffizient ist (zwischen 0 und 100° C) $25{,}5 \cdot 10^{-6}$/° C.

Dagegen hat Magnesium nicht nur als Legierungszusatz (Eisenwerkstoffe, Aluminium), sondern auch als Basis für einige wichtige Legierungen Bedeutung gewonnen, die heute aus dem Maschinenbau, insbesondere aus dem Leichtbau nicht mehr wegzudenken sind.

Die *Magnesium-Legierungen* sind allerdings ebenso wie das Magnesium selbst sehr korrosionsanfällig. Sie müssen daher durch Beizen und auch durch zusätzliche Schutzanstriche besonders gegen Zutritt von Luftfeuchtigkeit und Einwirkung von Salzen oder Säuren geschützt werden. Gegenüber Laugen ist Magnesium jedoch unempfindlich.

422. Legierungen nach DIN 1729

DIN 1729 enthält die gebräuchlichen Magnesium-Legierungen[1]) für Knet- und Gußverarbeitung und DIN 9715 gibt einen Überblick über die technischen Lieferbedingungen für Halbzeuge aus Magnesiumknetlegierungen. Aus den in diesen Normen angegebenen Richtwerten wurde in Abb. 35 wieder die Streckgrenze über der Bruchdehnung aufgetragen, um die Festigkeit und Verformbarkeit der einzelnen Legierungen zu veranschaulichen. In der Darstellung fällt auf, daß die Gußlegierungen alle zusammen nur ein verhältnismäßig enges Gebiet einnehmen. Die Legierung G MgAl 9 Zn 1 erreicht durch Wärmebehandlung die höchste Festigkeit bei guter Dehnung. Durch Wärmebehandlung (Homogenisieren bzw. Aushärtung) kann auch die Knetlegierung MgAl 7 Zn 1 in ihrer Festigkeit verbessert werden. Die Zugfestigkeiten der (preßharten und gegebenenfalls nachgezogenen) Knetlegierungen liegen etwa zwischen 20 und 30 kg/mm², die warm-

[1]) Handelsname in Deutschland: „Elektron".

behandelte Legierung MgAl 7 Zn 1 hat eine Zugfestigkeit von 32—35 kg/mm². Neuerdings bewährt sich eine Legierung mit

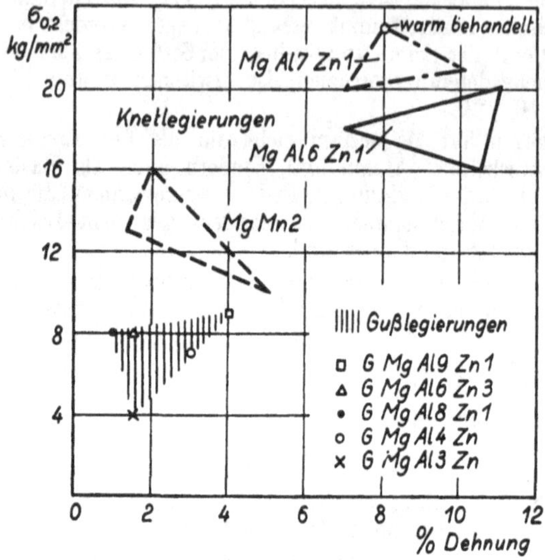

Abb. 35. Magnesium-Legierungen. Überblick über Festigkeit und Dehnung für Guß und Knetlegierungen

Zirkonium (MgZr 1), die etwa der Standardlegierung MgMn 2 gleichkommt.

Die Zusammenstellung in Zahlentafel 16 gibt einen Überblick über die Anwendungsbereiche der Magnesiumlegierungen. Hierbei ist zu beachten, daß die Angaben über Festigkeit, Korrosionsbeständigkeit und Schweißbarkeit relativ zu werten sind, als im Vergleich der Magnesiumlegierungen untereinander.

423. Verarbeitung

Die Knetlegierungen lassen sich bei Temperaturen zwischen 300 und 400° C pressen und schmieden; auch hier hat das Strangpreßverfahren mit seinen vielseitigen Möglichkeiten

Zahlentafel 16: Magnesium-Legierungen nach DIN 1729.

Legierungs-Gruppe	Hauptzusätze %	Kennzeichnende Eigenschaften*)	Lieferformen	Richtlinien für die Verwendung
Mg Mn 2	Mn 1,2—2,0	gut verformbar, geringe Festigkeit, gute Korrosionsbest.	Bleche Rohre Vollstangen Profilstangen Preßteile Schmiedestücke Schweißdrähte	Blechprofile, Verkleidungen, Armaturen, Kraftstoffbehälter
Mg Al 3 Zn 1	Al 2,5—3,5 Zn 0,5—1,5	mittlere Festigkeit, gut verformbar, gute Korrosionsbest.		Bauteile mittl. mech. Beanspr. bei noch guter chem. Best.
Mg Al 6 Zn 1	Al 5,5—6,5 Zn 0,5—1,5	mittlere bis hohe Festigkeit, gut verformbar, geringe Korrosionsbest.		Bauteile mittl. bis hoher mechanischer Beanspruchung
Mg Al 7 Zn 1	Al 6,5—8,0 Zn 0,5—2,0	hohe Festigkeit, gut verformbar	Preßteile Schmiedestücke	Bauteile hoher mech. Beanspr. im allg. und Spezialmasch.-Bau
Mg Zn 4	Zn 4,0—5,0	mittlere Festigkeit	wie Mg Mn2	Büromaschinenbau
Mg Zr 1	Zr 0,5—1,0	geringe Festigkeit		wie Mg Mn 2
G-Mg Al 6 Zn 3	Al 5,5—6,5 Zn 2,5—3,5	gute Schwingungsfestigkeit	schwingungsbeanspr. Gußstücke hoher Festigkeit (Motorgehäuse, Getriebegehäuse)	
G-Mg Al 8 Zn 1 G-Mg Al 9 Zn 1	Al 7,5—9,0 Zn 0,3—1,0 Al 7,9—9,5 Zn 0,1—1,0	gute Korrosionsbeständigkeit	gas- und flüssigkeitsdichte Gußstücke mit guter chemischer Beständigkeit	
G-Mg Zn 4 Zr 1	Zn 4,0—4,5 Zr 0,5—1,0	hohe Streckgrenze	verwickelte Gußstücke mit hoher Festigkeit	
GD-Mg Al 9 Zn 1 GD-Mg Al 9 Zn 2	Al 7,5— 9,5 Zn 0,3— 1,0 Al 8,0—10,0 Zn 1,0— 2,0	Druckgußlegierung. von hoher Festigkeit	hochbeanspr. Druckgußteile für Flugzeug-, Automobil- und Büromaschinenbau	

*) Die Bewertung dient nur dem Vergleich der Mg-Legierungen untereinander.

große Bedeutung. Die Kaltverformbarkeit ist jedoch verhältnismäßig gering, weshalb auch das Walzen und Ziehen vorwiegend bei Temperaturen um 300° C, bei einigen Legierungen sogar bis 500° C vorgenommen wird. Auch Verformungsarbeiten an Halbzeugen müssen im warmen Zustand (~ 300° C) und zweckmäßig mit vorgewärmten Werkzeugen ausgeführt werden.

Die Gußlegierungen erfordern viele Erfahrung bei der Verarbeitung zu Sandguß und zu Kokillenguß, da die Schmelze sorgfältig von Verunreinigungen nichtmetallischer und metallischer Art befreit werden muß. Zur Beseitigung von Gußspannungen kann spannungsfrei geglüht werden. Beim Druckguß besteht die Schwierigkeit in der Verhinderung der Oxydation des flüssigen Metalls in der Druckkammer, weshalb die einwandfreie Herstellung von Druckgußteilen aus Magnesiumlegierungen noch nicht lange möglich ist. Das Verfahren wird hauptsächlich für Massenartikel in der Automobil- und Büromaschinen-Industrie, im Flugzeugbau uws. angewendet.

Für die spangebende Bearbeitung gelten die gleichen Gesichtspunkte wie für Aluminium-Bearbeitung, die Magnesiumlegierungen lassen sich aber wesentlich leichter zerspanen. Zu beachten ist die Brennbarkeit des Magnesiums, die jedoch nur bei feinen Spänen und Staub gefährlich werden kann.

5. Titan

In den letzten Jahren haben Titan und Legierungen auf Titanbasis als Konstruktionswerkstoffe an Bedeutung gewonnen, weil sie bei geringem Gewicht gute Festigkeitseigenschaften (auch bei höheren Temperaturen) mit hervorragender Korrosionsbeständigkeit vereinen.

Reines Titan hat ein spez. Gewicht von 4,5 g/cm³ und einen Schmelzpunkt von 1665° C. Die mechanischen Eigenschaften hängen vom Reinheitsgrad ab, in der reinsten Form liegt die Zugfestigkeit zwischen 25 und 30 kg/mm² bei Dehnungen von 60 bis 70%. Für technisch reines Titan rechnet man mit $\sigma_B = 35$ bis 80 kg/mm², $\sigma_S = 25$ bis 60 kg/mm² und $\delta_5 = 30$ bis 10%.

Der E-Modul wird mit 10 500 kg/mm² angegeben. Die Biegewechselfestigkeit beträgt etwa 65% der Zugfestigkeit (im Gegensatz zu Stahl, wo mit höchstens 50% gerechnet wird). Durch Kaltverformung tritt eine Verfestigung ein, die durch rekristallisierendes Glühen bei 600° C wieder rückgängig gemacht wird. Die gute Zähigkeit bleibt bis zu tiefsten Temperaturen erhalten; mit steigenden Temperaturen nehmen allerdings verhältnismäßig rasch die Festigkeitswerte ab, so daß bei etwa 300° C, besonders mit Rücksicht auf das Kriechverhalten, die Verwendungsgrenze für reines Titan liegt.-

Bei Herstellung und Warmverarbeitung von Titan besteht die Gefahr einer Wasserstoffaufnahme, die zur Versprödung führt. Es empfiehlt sich daher die Vermeidung von wasserstoffhaltigen Gasatmosphären beim Erschmelzen, Glühen usw. durch Verwendung von elektrischer Beheizung. Beim Schweißen wird Schutzgas-Atmosphäre angewandt. „Wasserstoffkrankes" Titan kann durch längeres Glühen im Vakuum wieder brauchbar gemacht werden.

Titan ist äußerst korrosionsbeständig, da es sich an der Luft sofort mit einer Oxydhaut überzieht, die dicht und chemisch stabil ist. Dadurch wird nicht nur der äußere Angriff, sondern auch ein Eindringen korrosiver Medien verhindert, so daß auch bei mechanischer Beanspruchung keine Spannungskorrosion auftritt und die Dauerfestigkeit durch Korrosion nicht herabgesetzt wird.

Titanlegierungen sind vergütbar und vereinigen infolgedessen die guten Eigenschaften des Reintitans mit höherer Festigkeit und besserer Wärmebeständigkeit. Sie werden ausschließlich als Knetlegierungen verwendet. Als Legierungszusätze kommen hauptsächlich Aluminium, Chrom, Mangan, Zinn und Vanadin in Betracht. Zahlentafel 17 gibt für einige Ti-Legierungen die Festigkeitsbereiche bei Raumtemperatur an, die je nach Wärmebehandlung mit diesen Legierungen erreicht werden.

Das Anwendungsgebiet der Titanlegierungen ist durch die Eigenschaften gegeben. Wegen des geringen Gewichts sind sie besonders für hochfeste Konstruktionsteile im Flugzeugmotoren- und -zellenbau geeignet. Ebenso werden sie im ortsfesten Maschinenbau für Teile verwendet, die infolge hoher Drehzahlen großen Fliehkräften ausgesetzt sind (Verdichter-

Zahlentafel 17: Festigkeitseigenschaften einiger Titan-Legierungen

Legierung	E-Modul kg/mm²	Zug-festigkeit kg/mm²	Streck-grenze kg/mm²	Dehnung %	Biege-wechsel-festigkeit kg/mm²
Ti Al 6 V 4	11000	90–130	–	15–8	60–65
Ti Al 4 V 4	11000	80–100	–	15–5	–
Ti Cr 5 Al 3	11–12000	105–140	–	13–2	60
Ti Al Mn	11000	95–120	90	15–10	–
Ti Sn Al	11000	95–110	78–94	15–10	–

schaufeln in Gasturbinen usw.). Die gute Korrosionsbeständigkeit erschließt weitere Anwendungsgebiete, auf denen Stahl- oder Leichtmetallegierungen sich nicht oder nur bedingt bewähren. Es kann aber heute noch nichts Abschließendes über Eigenschaften und Anwendung dieser Stoffe gesagt werden, weil die Entwicklung sich noch in den ersten Anfängen befindet. Zunächst steht auch noch der recht hohe Preis einer breiteren Verwendung entgegen.

6. Sinterwerkstoffe

Sintern nennt man das Verbacken von pulverförmigen oder körnigen Stoffen unter Einwirkung von Wärme, ohne daß der Stoff insgesamt zum Schmelzen kommt.

Das Herstellen von Metallkörpern durch Sintern wurde zunächst nur da angewandt, wo die Verarbeitung infolge des hohen Schmelzpunktes Schwierigkeiten bereitet (z. B. bei den Hartmetallen) oder wo das Legieren zweier Komponenten im Schmelzfluß nicht möglich ist. Neuerdings gewinnt jedoch die Sintertechnik auch für normale Eisen- und Buntmetall-Legierungen sowie deren Verbindung mit Nichtmetallen an Bedeutung. Die Herstellung von Formteilen durch Sintern, vor allem, wenn es sich um Massenartikel handelt, so daß sich die hohen Kosten für das Formwerkzeug bezahlt machen, ist durch das Einsparen jeglicher Nacharbeit sehr wirtschaftlich, weil die Teile außerordentlich maßhaltig sind. Daneben bietet die Pulvermetallurgie aber auch noch die Möglichkeit, den Sinterkörpern besonders wertvolle physikalische und chemische Eigenschaften zu geben.

Die Metalle werden (entweder als Legierungen oder als einzelne Legierungskomponenten) auf mechanischem oder chemischem Wege pulverisiert. Zu den mechanischen Verfahren ist neben dem Mahlen in geeigneten Mühlen auch das Zerstäuben oder Verdüsen des geschmolzenen Metalls zu rechnen. Die chemische Verpulverung erstreckt sich auf Reduktionsverfahren, chemische Fällung und Elektrolyse von Metallsalzlösungen. Nichtmetallische (keramische) Ausgangsstoffe werden gemahlen.

Die Teilchengröße und Teilchenform ist bei den einzelnen Verfahren verschieden und kann zum Teil durch entsprechendes Vorgehen beherrscht werden. Das Sinterpulver wird unter hohem Druck in Stahlformen gepreßt, bei deren Gestaltung berücksichtigt werden muß, daß das Pulver nicht „flüssig“ ist, daß sich also der Druck nicht gleichmäßig wie in einer Flüssigkeit verteilen kann. Das Kaltpressen dient nur der Formgebung und erfordert immer ein nachträgliches Sintern bei Temperaturen, deren Höhe sich nach den Schmelztemperaturen der betreffenden Metalle richtet, (sie liegt im Durchschnitt bei den Sintermetallen etwa 200 bis 400° unter dem Schmelzpunkt). Das Heißpressen legt einen Teil des Sintervorganges zeitlich mit der Formgebung zusammen, wodurch einerseits Preßdruck eingespart wird und andererseits ein dichteres gleichmäßigeres Gefüge mit besseren Eigenschaften erzielt werden kann. Bei geringeren Anforderungen kann das anschließende Sintern entfallen, da der Heißpreßvorgang bei normalen Stückgrößen bis zu 45 min dauert. Im allgemeinen wird aber noch etwa 15 min bei einer 50 bis 100° über der Preßtemperatur liegenden Temperatur nachgesintert. Die Maßhaltigkeit dieser Teile ist naturgemäß größer als die der kaltgepreßten, die beim Sintern stärker wachsen.

Die Anwendung von Sinterteilen im Maschinenbau ist trotz der mannigfachen Vorteile noch nicht sehr ausgedehnt. Ein wichtiges Anwendungsgebiet ist jedoch die Feinwerktechnik (z. B. Büro- und Rechenmaschinen), wo hohe Maßhaltigkeit gefordert wird. In der Kraftfahrzeugindustrie können Sinterteile für Kupplungs- und Bremselemente verwendet werden, und gesinterte Kolbenringe, die Graphit in sehr feiner Verteilung enthalten, sollen in mancher Hinsicht solchen aus Grauguß überlegen und vor allem in der Herstellung wirtschaftlicher als diese sein. Schon seit längerer Zeit bekannt und bewährt sind Gleitlager aus porösen Sintermetallen, die in der Tabelle über Lagerwerkstoffe in Abschnitt 8 nochmals erwähnt werden. Durch das Zusammensintern von Metallpulvern mit keramischen Pulvern erhält man Werkstoffe höchster Warmfestigkeit ohne die Sprödigkeit reinkeramischer Stoffe (z. B. „Cermet“[1]) oder SAP[2])). Sie sind deshalb von erheblicher Bedeutung für Formteile in Wärmekraftmaschinen (Gasturbinenschaufeln, Kolben usw.).

7. Kunststoffe und Kautschuk

71. Kunststoffe im Maschinenbau

Die Kunststoffe sind ursprünglich als Isolierstoffe, also als Werkstoffe der Elektrotechnik entstanden, haben aber infolge ihrer vielfachen Eigenschaften sehr bald Eingang auch in andere Gebiete der Technik gefunden. Ihre vielseitige Verwendbarkeit, anfängliche Mängel und die Notzeiten, in die zumindest in Europa ihre Entwicklung fällt — ihre technischen Anfänge datieren vom Beginn dieses Jahrhunderts —, brachten es allerdings mit sich, daß sie lange Zeit als Ersatzstoffe angesehen und gemieden wurden. In den letzten 15 Jahren haben jedoch die Kunststoffe einen Siegeszug angetreten, der als einmalig in der Geschichte der Werkstoffe bezeichnet werden kann. Die Weltjahreserzeugung übertrifft mengenmäßig bereits die der Leichtmetalle und die der schweren Nichteisenmetalle (Pb, Cu, Zn zusammen). Die Stahlproduk-

[1]) Ceramic metals. } Handelsnamen.
[2]) Sinteraluminiumpulver. } Handelsnamen.

tion beträgt dagegen mengenmäßig etwa das 20fache der Kunststoffproduktion und wird diesen Abstand auch weiterhin behaupten. Vom „Anbruch eines Kunststoffzeitalters" kann deshalb nur in dem Sinne gesprochen werden, daß die Kunststoffe durch ihre Qualität und durch die Vielfalt ihrer Anwendungsmöglichkeiten sich den ihnen zukommenden Platz unter den Werkstoffen erobern. Das bedeutet aber kein Verdrängen der „klassischen Werkstoffe", und es kann nicht genug davor gewarnt werden, die Kunststoffe mit Gewalt auf Gebieten „einzusetzen", die anderen Werkstoffen auf Grund ihrer Eigenschaften zukommen. Dann nämlich wird der Kunststoff zum Ersatzstoff und führt zu Mißerfolgen, weil er falsch angewendet, weil er überfordert ist.

Im Maschinenbau muß sich deshalb die Verwendung von Kunststoffen auf mechanisch und thermisch weniger beanspruchte Teile beschränken, da die Festigkeitseigenschaften und besonders die Wärmebeständigkeit die der metallischen Werkstoffe nicht erreichen. Unbestritten ist jedoch ihr überlegenes Verschleiß- und Gleitverhalten, die sie für Gleit- und Reibbeläge besonders geeignet machen (Lager, Kupplungen). Neben diesen Eigenschaften wird der geräuschdämpfende Lauf für Zahnräder besonders geschätzt, die bei richtiger Herstellung und Dimensionierung auch den mechanischen Beanspruchungen ohne weiteres gewachsen sind. Auch die gute Korrosionsbeständigkeit ebenso wie die Wärmeisolierung erschließt ihnen manche Anwendungsmöglichkeiten im Maschinenbau, und nicht zuletzt ist es die wirtschaftliche Formgebung durch Pressen und Spritzgießen, die die Anwendung der Kunststoffe für Gehäuse, Abdeckungen, Armaturen usw. interessant macht. Die Verwendung von Kunststoffrohren für die Beförderung von Wasser, Öl und sonstigen Flüssigkeiten sei nur als Randgebiet des Maschinenbaues erwähnt.

72. Aufbau und Herstellung

Der Begriff „Kunststoffe" ist etwa so umfassend wie der Begriff „Metalle", denn es gibt eine sehr große Zahl verschiedener Arten von Kunststoffen mit sehr unterschiedlichen Eigenschaften. Da die meisten Kunststoffe synthetisch aufgebaut werden, ist die Kunststoff-Chemie bemüht, den bereits vorhandenen Stoffen neue Eigenschaften zu geben, die ihr Anwendungsgebiet erweitern oder neue Stoffe mit neuen Eigenschaften aufzubauen. Diese Entwicklung ist noch nicht abgeschlossen, und deshalb erscheinen in kürzeren oder längeren Zeitabständen immer noch neue Kunststoffe auf dem Markt.

Zusammenfassend werden die Kunststoffe als „makromolekulare Stoffe" bezeichnet, d. h. sie bestehen aus sehr großen Molekülen. (Ein Molekül ist die kleinste selbständige Einheit eines Stoffes, es besteht bei den Metallen z. B. aus einigen 10 bis 100 Atomen, bei den Kunststoffen dagegen aus mindestens 10^3 bis 10^6 Atomen.) Solche Großmoleküle sind in einigen Naturstoffen bereits vorhanden (z. B. Kasein, Zellulose), die dann nur noch einer entsprechenden Umwandlung bedürfen, um zu technisch verwendbaren makromolekularen Stoffen zu werden. Bei den meisten Kunststoffen werden die Makromoleküle aber aus niedermolekularen Verbindungen durch Aneinanderlagern vieler kleiner Bestandteile zusammengebaut. Das Aneinanderlagern kann so vor sich gehen, daß die einzelnen Bausteine des Makromoleküls als Kette aneinanderhängen oder daß sie in drei Dimensionen netzartig verknüpft sind. Die linear verknüpfte „Kette" ist leicht beweglich, die so aufgebauten Kunststoffe sind thermoplastisch, d. h. in der Wärme verformbar. Bei den räumlich vernetzten Kunststoffen ist die Beweglichkeit gewissermaßen durch Verstrebungen nach allen Seiten behindert, sie sind nach der gleichzeitig mit der Vernetzung erfolgten Formgebung nicht mehr plastisch verformbar.

Die Bildung der Makromoleküle kann durch verschiedene chemische Prozesse ausgelöst werden, von denen die wichtigsten die Polymerisation, die Polykondensation und die Polyadduktion sind. Die *Polymerisation* besteht in einer Verknüpfung vieler gleichartiger Molekül-Bausteine in einfacher Bindung zu Ketten- oder Fadenmolekülen. Dabei tritt keine chemische Veränderung, keine Abspaltung irgendwelcher Bestandteile, sondern nur eine Strukturänderung ein. Bei der *Polykondensation* werden dagegen verschiedenartige Molekül-Bausteine, die nach mehreren Richtungen bindungsfähig sind, zu vernetzten Großmolekülen verknüpft. Dabei spalten sich Nebenprodukte (z. B. Wasser, Ammoniak) ab, und der Stoff erfährt eine chemische Umwandlung. Die *Polyadduktion* ähnelt der Polykondensation im Reaktionsmechanismus, es werden ebenfalls verschiedenartige chemische Gruppen (aber ohne Abspaltung von Nebenprodukten) aneinandergelagert. Das Ergebnis können sowohl fadenförmige als auch vernetzte Makromoleküle sein. Vielfach werden auch in den Vorreaktionen (z. B. durch Polymerisation und Polykondensation) hergestellte größere Moleküle durch Polyadduktion zusammengebracht. Auf diese Weise gelingt es, eine Anzahl von Kunststoffen mit besonderen Eigenschaften zu „züchten".

73. Kunststoffarten und ihre Verwendung im Maschinenbau

Durch Polymerisation entstehen durchweg *thermoplastische Kunststoffe*, die wegen ihrer geringen Wärmebeständigkeit für eine Verwendung im Maschinenbau kaum in Betracht kommen. Einige davon können allerdings für Dichtungen, für Abdeckungen und Schaugläser, für Rohre, auch für wenig beanspruchte Lager und dergleichen Verwendung finden. Es sind dies u. a. die Fluorpolymerisate, die z. B. unter den Handelsnamen Teflon[1]) und Hostaflon bekannt sind, ferner der Polyacryl- und Polymethacrylester (z. B. Plexiglas, Plexigum), das Polyvinylchlorid (PVC) und das Polyäthylen (z. B. Trolen, Hostalen, Lupolen). Sie werden aus Halbzeug zu den Gebrauchsteilen warmverformt oder spangebend herausgearbeitet, Plexigum und die Polyäthylensorten können durch Spritzgießen zu Formteilen verarbeitet werden.

Im Gegensatz zu den Polymerisaten haben die ebenfalls thermoplastischen Polyamide (z. B. Ultramid, Durethan BK) und die kettenförmigen Polyurethane (Durethan U), die durch Polyaddition entstehen, einen kristallinen Aufbau und damit einen scharfen Schmelzpunkt. Sie erweichen also nicht allmählich wie die Polymerisationskunststoffe, bei denen die Formsteifigkeit schon bei etwa 70° C nachläßt, sondern

[1]) Zum besseren Verständnis werden im folgenden neben den weniger geläufigen chemischen Bezeichnungen einige Handelsnamen als Beispiele angeführt.

schmelzen praktisch ohne Übergang bei etwa 200° C. Damit sind sie für den Maschinenbau interessanter, wenngleich sie auch nicht über Temperaturen von etwa 100° C beansprucht werden können. Sie werden wegen ihrer guten Gleiteigenschaften bevorzugt für Lager und Zahnräder verwendet.

Die *härtbaren Kunststoffe* (Duroplaste) verlieren ihre Form nicht durch Temperatureinwirkung und werden daher mehr für tragende Teile im Maschinenbau verwendet. Allerdings darf man hier nicht die von den metallischen Werkstoffen gewohnten Maßstäbe anlegen: die Festigkeit, die schon bei Raumtemperatur die des Stahls nicht erreicht, sinkt bereits bei etwa 150° C beträchtlich ab, und bei wenig höheren Temperaturen (180 bis 200° C) beginnt eine Zersetzung dieser organischen Stoffe.

Von den Polykondensations-Kunststoffen kommen in erster Linie die Phenolharze, weniger die Harnstoffharze und Melaminharze für Bauelemente des Maschinenbaus in Betracht. Diese Harze, die aus einer Reaktion von Phenol (bzw. Harnstoff oder Melamin) mit Formaldehyd entstehen, sind sehr spröde und werden deshalb meist in Verbindung mit Füllstoffen oder Harzträgern verwendet. Durch Vermischen des Harzes mit organischen oder anorganischen Füllstoffen von pulveriger oder schnitzeliger Struktur (z. B. Holzmehl, Gesteinsmehl, Asbest-, Zellstoff- oder Textilfasern, Papier- oder Textilschnitzel) entstehen die Phenolharzpreßmassen, die landläufig unter dem Namen Bakelit[1]) bekannt sind. Diese Preßmassen werden in beheizten Formen (160—180° C) unter Drücken zwischen 200 und 600 kg/cm² zu Formteilen verpreßt, die ohne wesentliche Nacharbeit in Gebrauch genommen werden. Durch dieses Pressen unter Druck und Hitze wird gleichzeitig mit der Formgebung die bei der Harzherstellung eingeleitete Kondensation zu Ende geführt, wobei das Harz zunächst flüssig wird, so daß die Preßmasse die Form ausfüllt und dann „aushärtet". In diesem ausgehärteten Zustand ist der Stoff nicht mehr schmelzbar und in normalen

[1]) „Bakelit" ist ein Handelsname und nicht die Bezeichnung einer Werkstoffgruppe. Der Name geht auf den Entdecker der technischen Phenolharze, L. H. Baekeland, zurück.

Lösungsmitteln nicht löslich. Eine spangebende Bearbeitung kann, wenn erforderlich, zweckmäßig mit Hartmetallwerkzeugen vorgenommen werden.

Spangebend müssen auch die Halbzeuge weiter verarbeitet werden, die auf der Basis von Phenolharzen in Gestalt von Platten, gewickelten oder stranggepreßten Rohren, stranggepreßten Profilen geliefert werden und nicht durch Warmverformung verändert werden können. Hier werden als Füllstoff, oder besser gesagt als Harzträger, meistens Bahnen (oder auch Stränge) verwendet, die mit dem Harz getränkt und auf Plattenpressen, Strangpressen oder Wickelmaschinen zu den Halbzeugen geformt und ausgehärtet werden. Kleinere Teile mit geringer Profilierung können aus Bahnen auch in Preßformen wie die obengenannten Preßmassen gepreßt werden. Am bekanntesten sind die „Schichtpreßstoffe“ aus phenolharzgetränkten Papierbahnen, Textilgewebebahnen oder Holzfurnieren (Hartpapier, Hartgewebe und Preßholz). Die Bahnen sind nach dem Pressen völlig vom Harz durchdrungen und nicht etwa nach Art des Sperrholzes nur mit Harz aufeinandergeklebt. Diese Stoffe haben daher sehr gute Festigkeitseigenschaften, die aber infolge der Schichtung des Harzträgers naturgemäß richtungsabhängig sind.

Ebenfalls als Preßmassen und als Schichtstoffe treten in den letzten Jahren die glasfaserverstärkten Kunststoffe immer mehr in den Vordergrund, bei denen der Füllstoff aus regellos verfilzten Stapelglasfasern, aus Glasfaservliesen, Glasfasersträngen oder Glasseidengeweben besteht. Diese Glasfasern besitzen eine hohe Festigkeit besonders bei Zugbeanspruchung, so daß bei richtiger Ausnutzung dieses Vorteils auch die mit ihnen armierten Kunststoffe gute mechanische Eigenschaften aufweisen können. Als Bindemittel haben sich von den verschiedensten Kunstharzen bisher die Polyesterharze am besten bewährt. Dies sind Polyadduktions-Kunstharze, die im Gegensatz etwa zu den Phenolharzen schon bei niedrigen Temperaturen aushärten und den Druck nur zur Formgebung, nicht aber zur Unterstützung des chemischen Prozesses benötigen. Sie können deshalb mit verhältnismäßig niedrigen Drücken verpreßt werden und sind infolgedessen besonders für großflächige Preßteile geeignet (z. B. Teile von Autokarosserien, Bootskörper). Ihre Verwendung für tragende Teile im Maschinenbau kann nur dann Vorteile bringen, wenn wirklich die hohe Zugfestigkeit der Glasfasern ausgenutzt wird.

Von den übrigen härtbaren Polyadduktions-Kunststoffen wären noch die vernetzten Polyurethane zu nennen, die als Schaumstoffe und gummiartige Werkstoffe für Isolations- und Dämpfungszwecke (Moltopren, Vulkollan) sowie als Kleber Verwendung finden. Als Kleber zum Verbinden von Metallen bewähren sich besonders die Aethoxylinharze (z. B. „Araldit"), gleichfalls Polyaddukte. Anstelle von Nietverbindungen, deren Haltbarkeit sie übertreffen, haben sie eine erhebliche technische Bedeutung im Flugzeugzellenbau und im Karosseriebau erlangt. Die gleichen Produkte sind auch als Gießharze für die Herstellung von Ziehwerkzeugen gut eingeführt.

74. Eigenschaften und Einteilung der handelsüblichen Kunststoffe

Wie schon erwähnt, bleiben die mechanischen und thermischen Eigenschaften der organischen Stoffe naturgemäß hinter denen der metallischen Werkstoffe zurück. Bei einem Vergleich der Festigkeitseigenschaften sollte aber auch das spez. Gewicht berücksichtigt werden, das für die leichtesten (ungefüllten) Kunstharze bei 1,0 und für die schwersten (glasfaserverstärkten) Kunststoffe bei 2,0 liegt. Im Leichtbau, wo es auf Festigkeit pro Gewichtseinheit ankommt, werden die Kunststoffe bei sinnvoller Anwendung vielfach den metallischen Werkstoffen überlegen sein. Ein unbestreitbarer Nachteil ist die geringe Wärmebeständigkeit und das Auftreten von Kriecherscheinungen bereits bei Raumtemperatur. Die meisten Kunststoffe sind empfindlich gegen hohe Beanspruchungsgeschwindigkeit (Schlagbeanspruchung) und Kerbwirkung. Für einige Kunststoffe erweisen sich jedoch bei richtiger Anwendung gerade die Zähigkeit und die Dämpfungseigenschaften als besonders vorteilhaft. Die elektrische und Wärmeisolierung von kraftübertragenden Teilen macht die Anwendung von Kunststoffen vielfach unumgänglich. Nicht zuletzt sichern ihnen die hervorragende Verschleißfestigkeit, die guten Gleiteigenschaften und die Korrosionsbeständigkeit gegen die meisten aggressiven Medien zahlreiche Anwendungsmöglichkeiten auch im Maschinenbau.

Eine Reihe von Kunststoffen, die sich seit längerer Zeit in der Praxis bewährt haben, sind „typisiert" und nach ihrem Aufbau und ihren Eigenschaften in den Normen festgelegt. Dies gilt insbesondere für die härtbaren Preßmassen und für die Schichtpreßstoffe. DIN 7708 Blatt 2 enthält die Zusammensetzung und einige Eigenschaftskennwerte für die Phenolharzpreßmassen verschiedener Struktur, die durch Typnummern gekennzeichnet sind. So bezeichnen z. B. die Typen 11, 12 und 16 Preßstoff mit anorganischen Füllstoffen (Gesteinsmehl, Asbestfasern), Typ 31 enthält Holzmehl als Füllstoff, die Typen 51 und 54 Zellulose in feiner oder gröberer Zerfaserung und die Typen 71 und 74 Textilfasern und -schnitzel. Daneben gibt es einige noch in Erprobung befindliche „Vortypen", die durch Buchstaben gekennzeichnet werden. Die in Deutschland typisierten Preßmassen werden durch die Bundesanstalt für Materialprüfung, Berlin-Dahlem, und die Staatliche Materialprüfungsanstalt, Darmstadt, laufend auf Gleichmäßigkeit ihrer Qualität überwacht. In DIN 7735/36 sind Güteforderungen, Aufbau und Zusammensetzung für Schichtstoffe festgelegt. Auch für einige thermoplastische Kunststoffe sowie für Kunststoffhalbzeuge bestehen Gütenormen und Liefervorschriften, jedoch ist hier die Entwicklung noch nicht abgeschlossen.

In Zahlentafel 18 sind einige Eigenschaftswerte für verschiedene Kunststoffe zusammengestellt. Es ist zu beachten, daß der Elastizitäts-Modul bei Kunststoffen nicht auf die übliche Art aus Belastung und Verformung bestimmt werden kann, weil die rein elastische Verformung immer durch Kriecherscheinungen überdeckt wird. Die aus dem Zug- oder Biegeversuch bestimmten Werte, die man in Handbüchern und Tabellen findet, geben daher nur einen rohen Anhalt über das Verformungsverhalten der Kunststoffe unter zügiger Be-

Zahlentafel 18: Eigenschaftswerte einiger Kunststoffe.

Kunststoffart	Zug-festigkeit kg/mm²	Biege-festigkeit kg/mm²	Kerb-schlag-zähigkeit cm kg/cm²	Biege-wechsel-festigkeit kg/mm²	Defor-mations-Modul kg/mm²	spez. Gewicht g/cm³	Wärme-leitzahl kcal/mh°C
Phenolharz-Preßstoff							
Typ 16 (Asbestfasern)	3	7	15	2	1300	1,8	0,68
Typ 31 (Holzmehl)	3,5	7	1,5	3	750	1,4	0,27
Typ 74 (Textilschnitzel)	3	6	12	2,5	800	1,4	0,32
Phenolharz-Schichtstoff							
Hartpapier	12	15	15	3,6	1200	1,4	0,25
Hartgewebe	10	15	15	3	700	1,4	0,29
Glasfaserverst. Schichtstoff							
Polyesterharz +80 % Glas	70	80	200	15	2500	2,1	0,37
Polyamid A	7	10	11	—	160	1,1	0,22
Hart-PVC	6	11	10	1,7	300	1,4	0,14
Polymetacrylat (Plexidur)	10	16	6	5	380	1,2	0,14

lastung und sollten besser nicht als „E-Modul“ bezeichnet werden. In Zahlentafel 18 wurde daher die Bezeichnung Deformationsmodul gewählt.

75. Anwendungsbeispiele

Da die Verwendung der Kunststoffe noch verhältnismäßig neu und man leicht geneigt ist, sie nur als Hilfswerkstoffe des Maschinenbaues anzusehen, scheint es gerechtfertigt, hier an einigen Beispielen zu zeigen, wo Kunststoffe sich nicht nur versuchsweise, sondern in serienmäßiger Anwendung bewähren.

Als Gleitlager an Walzengerüsten werden wegen ihrer überlegenen Verschleißfestigkeit heute fast ausschließlich Kunststofflager, vorwiegend aus Phenolharz-Hartgewebe, verwendet, die als Halbschalen gepreßt oder aus Segmentstäben zusammengesetzt sind. Auch sonst bewähren sich Lagerschalen, -buchsen und Gleitstücke aus Phenolharzpreßstoffen oder Polyamid wegen ihrer guten Gleiteigenschaften und ihrer Korrosionsbeständigkeit. Für Präzisionslagerungen ist allerdings die schlechte Wärmeleitfähigkeit und die hohe Wärmedehnung der Kunststoffe hinderlich, die verhältnismäßig große Lagerspiele erforderlich machen. Dem wird neuerdings durch Kunstharzverbundlager begegnet, die hinsichtlich Lagerspiel, Belastbarkeit und Laufgenauigkeit hochwertigen Metall-Lagern gleichkommen, ihnen aber durch Korrosionsbeständigkeit, geringe Wartungsempfindlichkeit und einfachere Herstellung sogar überlegen sind. Eine Kunststoffschicht auf Aethoxylinharzbasis mit geeigneten Füllstoffen ist in einer Stärke von nur 1 bis 2 Zehntelmillimetern auf einen Metallstützkörper aufgebracht, so daß Wärmedämmung und Wärmedehnung des Kunststoffes praktisch nicht mehr ins Gewicht fallen.

Wälzlagerkäfige können in einem Arbeitsgang aus Polyamidspritzguß hergestellt werden (Abb. 36). Die Verformbarkeit des Materials läßt geringe Hinterschneidungen zum Festhalten der Wälzkörper zu, ohne daß spangebende Nacharbeit erforderlich wird. Förderketten aus Polyamidspritzguß (Abb. 37), deren Glieder ebenfalls ohne Nacharbeit zusammen-

Abb. 36. Wälzlager-Käfige, aus Polyamid gespritzt.

Abb. 37. Förderkette, Glieder zusammensteckbar aus Polyamid gespritzt.

gefügt werden können, haben sich besonders an Maschinen der Lebensmittel-Industrie gut eingeführt.

Abb. 38. Verstellbare Keilriemenscheibe, zwei Hälften, aus Phenolharz-Preßmasse

Abb. 39. Schreibmaschinengestell aus Phenolharz-Preßmasse

Im Textilmaschinenbau findet man wahrscheinlich am häufigsten tragende Teile aus Kunststoffen, weil hier — besonders in der Kunstfaserindustrie — die Gefahr der Korrosion groß ist. Es hat sich gezeigt, daß die Kunststoffe neben ihrer Korrosionssicherheit auch den dort gestellten Festigkeitsanforderungen genügen können. Kunststofflager an Textilmaschinen vermeiden die Gefahr einer Verschmutzung der Gewebe durch abtropfendes Schmieröl oder Fett, da diese Lager auch mit Wasser geschmiert werden können.

Abb. 38 zeigt eine verstellbare Keilriemenscheibe, die aus Phenolharzpreßstoff Typ 54 hergestellt wird. Bei dem Schreibmaschinengestell aus Phenolharzpreßstoff Typ 31 (Abb. 39) erscheint bemerkenswert, daß es einschließlich der Lagerungen für die Typenhebel und sonstigen beweglichen Teile, abgesehen von geringfügiger Entgratungsarbeit nach dem Pressen, in einem Arbeitsgang montagefertig ist. In der Büromaschinenindustrie ist die Anwendung von Kunststoffen schon sehr verbreitet.

76. Natur- und Kunstgummi

Kautschuk gehört zu den Stoffen, die von Natur aus große Moleküle haben und durch geeignete chemische Prozesse zu technisch verwertbaren makromolekularen Stoffen umgewandelt werden. Da dies bei einigen (nichtsynthetischen) Kunststoffen auch der Fall ist — z. B. Kunsthorn, Vulkanfiber, Zelluloseacetat usw. —, ist man geneigt, diese organischen Stoffe werkstofftechnisch zusammenzufassen. Gummi aus Naturkautschuk wird jedoch nicht unter die Kunststoffe gerechnet. Die sythetischen Gummisorten, die aus Butadien, Isobutylen, Chloropren u. a. hergestellt sind (Handelsnamen z. B. Buna, Neoprene usw.) sind dagegen ihrer Herstellung nach reine Kunststoffe.

Der Umwandlungsprozeß bei der Herstellung besteht in der Vukanisation, einer losen Vernetzung, die die Voraussetzung für den gummielastischen Zustand ist. Sie geht bei Naturkautschuk ähnlich wie bei den Kunstkautschuksorten vor sich, wobei meist aktive Füllstoffe zur Auslösung des Prozesses erforderlich sind (Ruß u. a.).

Die synthetischen Gummisorten unterscheiden sich vom Naturgummi vor allem durch höhere chemische Beständigkeit (z. B. gegen Kraftstoffe und Öle), durch erhöhte Alterungsbeständigkeit (Zersetzung durch Luftsauerstoff und Lichteinwirkung), durch bessere Abriebfestigkeit und zum Teil auch höhere mechanische Festigkeitswerte. Abgesehen von der Verwendung für Fahrzeugreifen wird Gummi im Maschinenbau zu Dichtungs- und vorwiegend zu Dämpfungszwecken gebraucht (z. B. Motoraufhängungen), ferner für Treibriemen, Förderbänder usw.

8. Gleitlagerwerkstoffe

Da einige der besprochenen Werkstoffe auch für die Herstellung von Gleitelementen dienen, andere ausschließlich als Lagerwerkstoffe im Maschinenbau Verwendung finden, soll in Zahlentafel 19 eine Übersicht über die gebräuchlichsten Lagerwerkstoffe gegeben werden. Für Metallegierungen sind Richtwerte für die Zusammensetzung und ebenso wie für die nichtmetallischen Lager einige Hinweise für die Verwendung angeführt. Im allgemeinen muß die Wahl des geeigneten Lagerwerkstoffes für jeden Fall entsprechend den auftretenden Beanspruchungen und Gegebenheiten entschieden werden. Grundsätzlich müssen jedoch von einem Lagerwerkstoff oder einer Werkstoffkombination (Verbundlager) folgende Eigenschaften gefordert werden:

ausreichende Druckfestigkeit (auch bei erhöhten Temperaturen),
Einbettfähigkeit (Einbettung von Fremdkörpern, die in den Lagerspalt geraten),
Affinität zum Schmiermittel (Haftung des Schmiermittels an der Lageroberfläche),
gute Wärmeleitung, geringe Wärmedehnung,
kein Verschweißen mit dem Wellenwerkstoff (Schmelzpunkt!),
Verschleißfestigkeit, geringer Reibungsbeiwert.

Diese Merkmale werden unter dem Begriff Gleit- und Laufeigenschaften zusammengefaßt, einige davon, die nur bei Aussetzen der Schmierung oder bei sonstigen Störungen zur

Zahlentafel 19: Übersicht über die Lagerwerkstoffe

Lagerwerkstoff	Aufbau bzw. Zusammensetzung	DIN	Lieferform	Anwendung
Zinn-Weißmetalle	z. B. (WM 80) Lg Sn 80: 80 Sn, 12 Sb, 6 Cu, 2 Pb	1703	Verbund	Lager für hohe Anforderungen (auch Stoß und Schlag).
Blei-Weißmetalle	z. B. (WM 5) Lg Pb Sn 5: 79 Sn, 15 Sb, 5 Sn, 1 Cu	1703	„	Gleitlager für hohe Beanspruchungen.
gehärtete Blei-Lagermetalle	70 – 80 Pb + Cd + Sn... 70 – 80 Pb + Alkalimetalle	1703 1703	„ „	höchste Anforderungen, Eisenbahn-Wagenlager
Cadmium-Lagermetalle	98 Cd + Ni (oder Ag + Cu)		Verbund	Selten, da teuer
Zink-Lagermetalle	(Fein-) Zn + Al : Zn Al 4 Cu 1	1743	massiv G	geringe bis mittlere Anforderungen
Kupfer-Legierungen: Rotguß	z. B. Rg 5 : 85 Cu, Sn, 3 Pb, Zn	1705	massiv G	Lok.-Lagerschalen, Gleitplatten, Lager mittlerer Beanspruchung, Spurlager, Verschleißpl.
Zinn-Bronze	G-Sn Bz 20 : 80 Cu, 20 Sn	1705	„ G + K	
Aluminium-Bronze	Cu + 8-10 Al [+ Ni + Fe]	1714	„ G + K	
Phosphor-Bronze	70 – 90 Cu + Sn + 0,03 – 0,3 P		„ G + K	
Sonder-Messing	So Ms 68 : 66 – 70 Cu + Zn [+ Ni + Fe + Si + Pb]	17661	„ (G) + K	
Blei-Bronze	73 – 80 Cu + Pb + Sn [+ Ni + Zn + Fe + Sb]	1716	Verbund G	höchste Beanspr., bes. Schlag und Stoß: Pleuellager für Verbrennungsmotoren

Zahlentafel 19: Übersicht über die Lagerwerkstoffe (Fortsetzung)

Lagerwerkstoff	Aufbau bzw. Zusammensetzung	DIN	Lieferform	Anwendung
Aluminium-Legierungen	Al Cu Pb Mg : Al + 4 Cu + 1 Mg + 1 Mn [+ Si, Fe, Zn, Ni, Pb, Sn, Cd, Bi] Al Si Cu Ni : Al + 12 Si + 1 Cu + 1 Mg + 1 Ni [+ Fe, Ti]	1725 1725	massiv K „ G + K	Lager mittlerer Beanspruchung (seltener verwendet)
Grauguß: Perlitguß, starke Graphitbildung	z. B. 3,3 C; 1,2 Si; 0,8 Mn; 0,15 S; 0,4 P [1,0 Ni; 0,3 Cr]		massiv	
Sinterwerkstoffe	Fe. Fe Cu Al. Pb Fe Cu. Al Sn Zn. Al Cu Fe.		massiv	poröse Lager für Ölspeicherung
Kunststoffe	Phenolharz + Textilgewebe Polyamid Aethoxylinharz + Füllstoffe	7703	massiv „ Verbund	Walzwerkslager, Lager mittl. Beanspr. Präzisionslager für höchste Beanspruchung
Kohle und Graphit	(gepreßt)	Nahrungsmittel- und Textilmaschinen, chemische Apparate, extreme Temperaturen (180—550° C)		
Glas und Keramik		Säurepumpen usw.		
Steine	Achat, Granat, Rubin, Saphir, Diamant	Feingerätebau, Uhren usw.		

Auswirkung kommen, bezeichnet man als Notlaufeigenschaften. Daneben werden auch gewisse Verarbeitungseigenschaften verlangt, z. B. gute Gießbarkeit und gute Haftung auf Stützkörper für Verbundwerkstoffe, gute spangebende Bearbeitbarkeit sowohl für Guß- als auch für Knetwerkstoffe.

9. Hinweise für die Formgebung

Alle Werkstoffe werden durch eine Reihe von Eigenschaftswerten gekennzeichnet, von denen einige jedoch keine physikalischen Konstanten sind, sondern als „Kennwerte" unter bestimmten, zum Teil idealisierten Voraussetzungen gefunden werden. Dies gilt insbesondere für die Festigkeitswerte, die man im Interesse einheitlicher vergleichbarer Ergebnisse nur unter „konventionellen" Bedingungen bestimmen kann, d. h. die Beanspruchungsart (Kraftangriff, zügige oder schwingende Beanspruchung), die Belastungsgeschwindigkeit, die Versuchstemperatur, die Probenform sind vereinbart und deshalb nicht ohne weiteres auf andere Verhältnisse zu übertragen. Der Konstrukteur, der einen Werkstoff für eine Konstruktion auswählt, wird daher die Werkstoffkennwerte nicht unbesehen in seine Berechnungen einsetzen, sondern die Einflüsse berücksichtigen, die von unterschiedlicher Beanspruchungsart, von Temperatur- und Korrosionseinwirkungen und vor allem von der Formgebung her die gegebenen Kennwerte verändern können.

Auf diese Einflüsse, die zu dem Begriff „Gestaltfestigkeit" führen, wurde schon in „Werkstoffe des Maschinenbaus I" (Abschnitt 36) hingewiesen, jedoch sei hier im Anschluß an die Besprechung der einzelnen Konstruktionswerkstoffe noch einmal besonders betont, daß sie für jede Konstruktion und für jeden Werkstoff seiner Eigenart entsprechend in Rechnung zu setzen sind. Ein einfaches Beispiel möge dies veranschaulichen: Ein Stahl, der am glatten Probestab auf der Zerreißmaschine eine Zugfestigkeit σ_B von 100 kg/mm² aufweist, erträgt bei Wechselbiegebeanspruchung (wiederum am glatten Probestab) nur noch einen Spannungsausschlag σ_{Wb} von $\pm$ 45 kg/mm². Wird der Probestab mit einer umlaufenden Kerbe versehen (als Symbol für konstruktiv bedingte Querschnittsveränderungen), so ist die ertragene Nennspannung bei der gleichen Beanspruchungsart nurmehr $\sigma_{nWb} = \pm 20$ kg/mm². Daß eine solche Kerbe aber noch nicht alle Formeinflüsse zu erfassen vermag, die an einem Bauteil wie etwa einer Kurbelwelle auftreten, beweist ein Wechselbiegeversuch, bei dem statt des Probestabs eine Einzelkröpfung der Kurbelwelle belastet wird: Die Gestaltfestigkeit beträgt jetzt nur noch $\sigma_{nWb} = \pm 8$ kg/mm², also 8% des Werkstoffkennwertes, von dem man bei der Auswahl des Stahls ausging. Die Verhältniszahlen sind für die einzelnen Werkstoffe verschieden und können außerdem durch Oberflächenbehandlung und durch Ausnutzung der jeweils günstigsten Formgebungsmöglichkeiten beeinflußt werden.

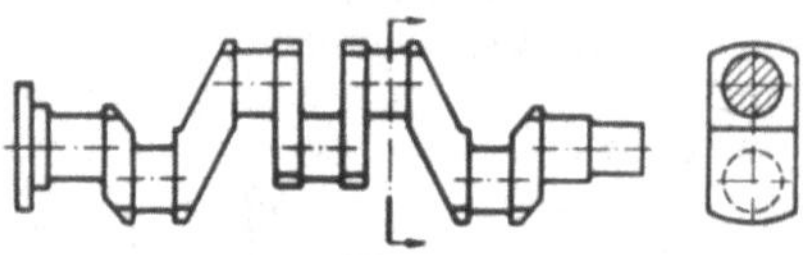

Gestaltfestigkeit: Stahlkurbelwelle · 11-12 kg/mm²

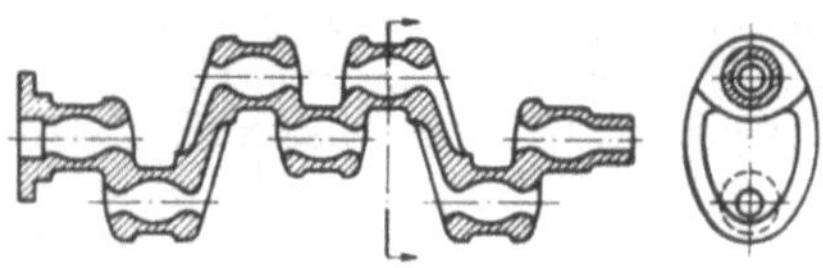

Gestaltfestigkeit: Gußeisenkurbelwelle · 11,4 kg/mm²

Materialkennwerte	Zugfestigk	Wechselfest.
Stahl (St C 45.61)	100	45
Gußeisen (Eßlinger Sonderguß)	45	22

Abb. 40. Gegenüberstellung von Werkstoffkennwerten (Festigkeit des Werkstoffes) und Haltbarkeit der Konstruktion (Gestaltfestigkeit)

Die Kurbelwelle ist mit ihrer komplizierten Form ein gutes Beispiel dafür, wie durch „werkstoffgerechte Formgebung“ die Gestaltfestigkeit eines Bauteils verbessert werden kann.

Die Gestaltungsmöglichkeit einer geschmiedeten Stahlkurbelwelle ist weitgehend durch die Formgebung im Gesenk begrenzt, wenngleich sich auch hier durch Formung der Wangen und Abstimmung der Querschnitte ein günstigerer Kraftfluß erzielen läßt. Wenn aber die Welle gegossen wird, so bestehen keine Schwierigkeiten, die Form vollkommen dem Kraftfluß anzupassen. Man wird deshalb eine Kurbelwelle aus Grauguß anders gestalten, als es bei einer Stahlkurbelwelle möglich ist, und erreicht damit, wie Abb. 40 zeigt, die gleiche Gestaltfestigkeit für die Gußwelle wie für die Stahlwelle, obwohl die Festigkeitskennwerte des verwendeten Gußeisens bei zügiger und bei schwingender Beanspruchung um mehr als 50% unter denen des Stahls lagen.

Die konstruktive Gestaltung muß also nicht nur allgemein Kerben, d. h. schroffe Querschnittsübergänge und scharfe Ecken und Absätze vermeiden, sondern sie muß die Formgebungsmöglichkeiten des jeweils vorliegenden Werkstoffes ausnutzen. Die werkstoffgerechte Gestaltung verlangt deshalb für Gußwerkstoffe andere Formen als für Knetwerkstoffe, für geschmiedete Teile andere als für tiefgezogene und wieder andere für solche, die durch Formpressen oder Spritzgießen (Kunststoffe) hergestellt sind. Viele Mißerfolge z. B. bei der Einführung von Kunststoffen hätten vermieden werden können, wenn man hier nicht Metallkonstruktionen nachgebildet hätte, anstatt dem neuen Werkstoff gemäß zu gestalten.

Literaturverzeichnis

Es sind nur deutschsprachige Bücher aufgeführt, die nach 1945 erschienen sind.

Eisenwerkstoffe

Herstellungsverfahren

Durrer, R.: Verhüttung von Eisenerzen. (159 S.) Düsseldorf 1954. Durrer, R.: Grundlagen der Eisengewinnung. (210 S.) Bern 1947. – Eger, G.: Die Anwendung des elektrischen Ofens in der Industrie der Eisenmetalle. (464 S.) Leipzig 1955. – Leikin, W. E.: Das Schmelzen von Stahl im Elektroofen. (396 S.) Berlin 1953. – Leitner, F.: Die Edelstahlerzeugung. (490 S.) Wien 1950. – Lukaschewitsch-Duwanowa, J. T.: Schlackeneinschlüsse in Eisen und Stahl. (209 S.) Berlin 1955. – Osann, B.: Kurzgefaßte Eisenhüttenkunde in leichtverständlicher Darstellung. (231 S.) Hannover 1949. – Pawlow, M. A.: Metallurgie des Roheisens. 3. Bd. + Atlas. Berlin 1953. – Sisco, F. T.: Das Elektrostahlverfahren. (432 S.) Berlin, Göttingen, Heidelberg 1951. – Sommer, F.: Elektrostahl-Erzeugung. (338 S.) Düsseldorf 1950. – Toussaint, F.: Der Weg des Eisens. (109 S.) Düsseldorf 1949. – Verein Deutscher Eisenhüttenleute: Gemeinfaßliche Darstellung des Eisenhüttenwesens. (581 S.) Düsseldorf 1953.

Gußeisen

Mann, G.: Zunderfestes Al- u. Si-legiertes Gußeisen. (114 S.) Berlin 1955. – Meyer, R.: Technologie von Graugußstücken. (204 S.) Halle 1954. – Meyer, R.: Der Hartguß. (326 S.) Halle 1954. – Piwowarsky, E.: Gewalztes Gußeisen. (132 S.) Essen 1949. – Piwowarsky, E.: Hochwertiger Grauguß. (1070 S.) Berlin, Göttingen, Heidelberg 1951. – Poetter, H.: Hartguß und Walzenguß. (188 S.) Berlin 1953. – Poetter, H.: Grauguß. (416 S.) Berlin 1954. – Verein Deutscher Ingenieure: Gußeisen mit Kugelgraphit, ein neuer Konstruktionswerkstoff. (70 S.) Düsseldorf 1958. — Wassilenko, A. A.: Modifiziertes Gußeisen im Maschinenbau. (116 S.) Leipzig 1953.

Stahlguß und Temperguß.

Kothny, E.: Stahlguß, Temperguß. (70 S.) Berlin, Göttingen. Heidelberg 1953. — Krestschanowski, U. S.: Hochwertiger Stahlguß. (267 S.) Berlin 1955. — Nagel, A.: Herstellung von Temperguß. (100 S.) Berlin 1950. — Poetter, H.: Temperguß, (209 S.) Berlin 1953.

Eisen und Stahl

Akimow, G. W.: Korrosion und Verschleiß von Stählen. (179 S.) Berlin 1956. — Beratungsstelle für Stahlverwendung: Stahlfibel. (93 S.) Düsseldorf 1954. — Crafts, W.: Härtbarkeit und Auswahl von Stählen. (261 S.) Berlin, Göttingen, Heidelberg 1954. — Eisenkolb, F.: Das Tiefziehblech. (363 S.) Leipzig 1951. — Haufe, W.: Schnellstähle und ihre Wärmebehandlung. (276 S.) München 1951 — Haufe, W.: Werkzeugstähle und ihre Wärmebehandlung. (312 S.) Füssen 1954. — Holle, H.: Nachschlagewerk „Stahlschlüssel". (96 S.) Stuttgart 1956. — Houdremont, E.: Handbuch der Sonderstahlkunde. Bd. 1 (874 S.), Bd. 2 (663 S.) Berlin 1956. — Johannsen, O.: Geschichte des Eisens. (621 S.) Düsseldorf 1953. — Klemm, H.: Die Gefüge des Eisen-Kohlenstoff-Systems. (39 S.) Berlin 1951. — Okorokow, U. W.: Elektrische Schmelzöfen für die Eisenmetallurgie. (523 S.) Berlin 1953. — Pomp, A.: Stahldraht; seine Herstellung und Eigenschaften. (392 S.) Düsseldorf 1952. — Rapatz, F.: Die Edelstähle. (730 S.) Berlin 1951. — Scheer, L.: Was ist Stahl; Einführung in die Stahlkunde für Jedermann. (109 S.) Berlin, Göttingen, Heidelberg 1952. — Steffes, M.: Das Eisen-Kohlenstoff-Diagramm. (38 S.) Basel 1949. — Verein Deutscher Eisenhüttenleute (Daeves, K.): Werkstoff-Handbuch Stahl und Eisen. Düsseldorf 1953. — Verein Deutscher Eisenhüttenleute: Stahl-Eisen-Listen. (56 S.) Düsseldorf 1948.

Nichteisenmetalle

Brunhuber. E.: Legierungshandbuch der Nichteisenmetalle. (208 S.) Berlin 1954,

Kupfer

Arnold, W.: Handbuch für das Kupfer-Schmiedegewerbe, Rohrleitung und Apparatebau. (359 S.) Hannover 1956. — Deutsches Kupfer-Institut: Kupfer, Eigenschaften, Verarbeitung, Verwendung. (58 S.) Berlin 1954. — Deutsches Kupfer-Institut: Hochleitfähige Kupferlegierungen. (62 S.) Berlin 1958. — Deutsches Kupfer-Institut: Was muß der Ingenieur vom Messing wissen? (263 S.) Berlin 1956. — Deutsches Kupfer-Institut: Schweißen von Kupfer und Kupferlegierungen. (98 S.) Berlin 1954. — Deutsches Kupfer-Institut: Das Schweißen von Kupfer und Messing. (98 S.) Berlin 1954. — Deutsches Kupfer-Institut: Kupfer und Kupferlegierungen in Industrie und Handwerk. (97 S.) Berlin 1952. — Deutsches Kupfer-Institut: Gefäßtreiben und Emalieren von Kupfer. (41 S.) Berlin 1953. — Deutsches Kupfer-Institut: Die spanabhebende Bearbeitung von Kupfer und Kupferlegierungen. (103 S.) Berlin 1956. — Deutsches Kupfer-Institut: Kupferrohre für Strahlungsheizen. (40 S.) Berlin 1954. — Deutsches Kupfer-Institut: Kupferrohre für Installation. (34 S.) Berlin 1953. — Deutsches Kupfer-Institut: Kupferdacheindeckung. (71 S.) Berlin 1956. — Deutsches Kupfer-Institut: Kupfer als Werkstoff im Wasserfach. (49 S.) Berlin 1957. — Keller, H. u. K. Eickoff: Kupfer und Kupferlegierungen. (52 S.) Berlin 1954. — Koldaschow, W. A.: Metallurgie des Kupfers. (216 S.) Leipzig 1953.

Aluminium

Altenpohl, D.: Aluminium von innen betrachtet. (200 S.) Düsseldorf 1957. — Aluminium-Zentrale: Aluminium-Folie. (54 S.) Düsseldorf 1957. — Aluminium-Zentrale: Aluminium-Taschenbuch (500 S.) Düsseldorf 1955. — Aluminium-Zentrale: Das chemische Verhalten von Aluminium. (333 S.) Düsseldorf 1955. — Aluminium-Zentrale: Aluminium im Verkehr. (210 S.) Düsseldorf 1953. — Aluminium-Zentrale: Aluminium in der Elektrotechnik. (50 S.)

Düsseldorf 1956. – Aluminium-Zentrale: Aluminium im Bauwesen. (35 S.) Düsseldorf 1951. – Aluminium-Zentrale: Aluminium im Schiffbau. (58 S.) Düsseldorf 1953.–.Aluminium-Zentrale: Aluminium in der internationalen Architektur. (64 S.) Düsseldorf 1957. – Behrens, P., L. Lux u. J. Nefziger: Aluminium-Freileitungen. (212 S.) Düsseldorf 1954. – Beljajew, A. J. u. M. B. Rapoport u. L. A. Firsanowa: Metallurgie des Aluminiums. (303 S.) Berlin 1956. – Bleicher, W.: Leichtmetall-Technik. (51 S.) Düsseldorf 1950. – Böhle, F.: Leichtmetalle. (56 S.) Berlin 1956. – Bott, W.: Aluminium-Formguß für hohe Oberflächenansprüche. (259 S.) Berlin 1955. – Everling, O. u. J. Müller: Leichtmetall-Kolben. (232 S.) Berlin 1953. – Franz, H.: Über die Aushärtung von Aluminium-Kupfer-Legierungen. (156 S.) Düsseldorf 1957. – Fulda, W. u. H. Ginsberg: Tonerde und Aluminium. 2 Bände. Berlin 1951 u. 1953. – Hübner, W. G. u. A. Schiltknecht: Die Praxis der anodischen Oxydation des Aluminiums. (407 S.) Düsseldorf 1956. – Irmann, R.: Aluminium-Guß in Sand und Kokille. (302 S.) Düsseldorf 1952. – Machu, W.: Nichtmetallische anorganische Überzüge. (404 S) Wien 1952. – Renner, C.: Leichtmetall im Schiffbau. (177 S.) Berlin 1953. – Schenk, M.: Werkstoff Aluminium und seine anodische Oxydation. (1042) S. Bern 1948. – Schneider, K.: Die Verhüttung von Aluminiumschrott. (254 S.) Berlin 1957. – Suppus, H.: Der Fahrzeugaufbau aus Leichtmetall. (83 S.) Düsseldorf 1954. – Stüssi, F.: Tragwerke aus Alumnium. (198 S.) Berlin 1955. – Zeerleder A. v.: Technologie der Leichtmetalle. (364 S.) Zürich 1947. – Zeerleder A. v.: Technologie des Aluminiums und seiner Leichtlegierungen .(594 S.) Zürich 1947.

Magnesium

Bulian, W., W. Köster u. E. Fahrenhorst: Metallographie des Magnesiums und seiner technischen Legierungen. (108 S.) Berlin, Göttingen, Heidelberg 1949. – Schichtel, G.: Magnesium-Taschenbuch. (484 S.) Berlin 1954. – Strelez, Ch. L.: A. J. Traiz u. B. S. Guljanitzki: Metallurgie des Magnesiums. (451 S.) Berlin 1953.

Sinterwerkstoffe

Balschin, M. J.: Pulvermetallurgie. (285 S.) Halle 1954. – Eisenkolb, F. u. F. Thümmler: Die neuere Entwicklung der Pulvermetallurgie. (484 S.) Berlin 1955. – Hövel, Th.: Sintereisen, seine Herstellung nebst gesammelten Erfahrungen. (69 S.). – Kieffer, R.: Sintereisen und Sinterstahl. (556 S.) Wien 1948. – Kieffer, R., W. Hotoy u. W. Köster: Pulvermetallurgie und Sinterwerkstoffe. (412 S.) Berlin 1948, – Skaupy, F.: Metallkeramik; die Herstellung von Metallkörpern aus Metallpulver. (267 S.) Berlin und Weinheim 1950. – Zapf, G.: Gesinterte Formteile. (85 S.) Stuttgart 1957.

Kunststoffe und Gummi.

Determann, H.: Nichthärtbare Kunststoffe. (64 S.) Berlin 1953. – Houwink, R.: Chemie und Technologie der Kunststoffe. 2 Bände, Leipzig 1954 und 1956. – Kluckow, P.: Die Praxis des Gummi-Chemikers. (400 S.) Stuttgart 1954. – Mehdorn, W.: Kunstharzpreßstoffe und andere Kunststoffe. (350 S.) Berlin, Göttingen, Heidelberg 1949. – Nielsen, A.: Hitzehärtbare Kunststoffe. (60 S.) Berlin 1952. – Pabst-Saechtling-Zebrowski: Kunststoff-Taschenbuch. 13. Ausgabe (erscheint alle 1 bis 2 Jahre). München 1957. – Wandeberg, E.: Kunststoffe in Industrie und Technik. (280 S.) Berlin, Göttingen, Heidelberg 1955.–

Gleitlagerwerkstoffe

Heidebroek, E.: Lagerwerkstoffe. (68 S.) Berlin 1953. – Heidebroek, E.: Tragfähigkeitswerte für Lagerstoff und Konstruktionsbeispiele. Berlin 1953. – Kühnel, R.: Werkstoffe für Gleitlager. (448 S.) Berlin, Göttingen, Heidelberg 1952. – Schmid, E. u. R. Weber: Gleitlager. (480 S.) Berlin 1952. – Vogel, F.: Neuere Wege in der Metallurgie der Lagerweißmetalle. (146 S.) Halle 1949.

Sachverzeichnis

SAMMLUNG GÖSCHEN

GESAMTVERZEICHNIS

Jeder Band DM 3,60 · Doppelband DM 5,80

Herbst 1964

WALTER DE GRUYTER & CO., BERLIN 30

Inhaltsübersicht

Geisteswissenschaften

Philosophie

Einführung in die Philosophie von *H. Leisegang †*. 5. Auflage. 146 Seiten. 1963. (281)

Hauptprobleme der Philosophie von *G. Simmel †*. 8., unveränderte Auflage. 177 Seiten. 1964. (500)

Geschichte der Philosophie

I: Die griechische Philosophie von *W. Capelle*. 1. Teil. Von Thales bis Leukippos. 2., erweiterte Auflage. 135 Seiten. 1953. (857)

II: Die griechische Philosophie von *W. Capelle*. 2. Teil. Von der Sophistik bis zum Tode Platons. 2., stark erweiterte Auflage. 144 Seiten. 1953. (858)

III: Die griechische Philosophie von *W. Capelle*. 3. Teil. Vom Tode Platons bis zur Alten Stoa. 2., stark erweiterte Auflage. 132 Seiten. 1954. (859)

IV: Die griechische Philosophie von *W. Capelle*. 4. Teil. Von der Alten Stoa bis zum Eklektizismus im 1. Jh. v. Chr. 2., stark erweiterte Auflage. 132 Seiten. 1954. (863)

V: Die Philosophie des Mittelalters von *J. Koch*. In Vorbereitung. (826)

VI: Von der Renaissance bis Kant von *K. Schilling*. 234 Seiten. 1954. (394/394a)

VII: Immanuel Kant von *G. Lehmann*. In Vorbereitung. (536)

VIII: Die Philosophie des 19. Jahrhunderts von *G. Lehmann*. 1. Teil. 151 Seiten. 1953. (571)

IX: Die Philosophie des 19. Jahrhunderts von *G. Lehmann*. 2. Teil. 168 Seiten. 1953. (709)

X: Die Philosophie im ersten Drittel des 20. Jahrhunderts 1. Teil von *G. Lehmann*. 128 Seiten. 1957. (845)

XI: Die Philosophie im ersten Drittel des 20. Jahrhunderts 2. Teil von *G. Lehmann*. 114 Seiten. 1960. (850)

Die geistige Situation der Zeit (1931) von *K. Jaspers*. 6., unveränderter Abdruck der im Sommer 1932 bearbeiteten 5. Auflage. 211 Seiten. 1964. (1000)

Erkenntnistheorie von *G. Kropp*.
1. Teil: Allgemeine Grundlegung. 143 Seiten. 1950. (807)

Formale Logik von *P. Lorenzen*. 2., verbesserte Auflage. 165 Seiten. 1962. (1176/1176a)

Philosophisches Wörterbuch von *M. Apel †*. 5., völlig neubearbeitete Auflage von *P. Ludz*. 315 Seiten. 1958. (1031/1031a)

Philosophische Anthropologie. Menschliche Selbstdeutung in Geschichte und Gegenwart von *M. Landmann*. 2., durchgesehene Auflage. 223 Seiten. 1964. (156/156a)

Pädagogik, Psychologie, Soziologie

Geschichte der Pädagogik von *Herm. Weimer*. 16. Auflage von *Heinz Weimer*. 184 Seiten. 1964. (145)

Therapeutische Psychologie. Ihr Weg durch die Psychoanalyse von *W. M. Kranefeldt*. Mit einer Einführung von *C. G. Jung*. 3. Auflage. 152 Seiten. 1956. (1034)

Allgemeine Psychologie von *Th. Erismann †*. 4 Bände. 2., neubearbeitete Auflage.
I: Grundprobleme. 146 Seiten. 1958. (831)
II: Grundarten des psychischen Geschehens. 248 Seiten. 1959. (832/832a)
III: Experimentelle Psychologie und ihre Grundlagen. 1. Teil. 112 Seiten, 7 Abbildungen. 1962. (833)
IV: Experimentelle Psychologie und ihre Grundlagen. 2. Teil. 199 Seiten, 20 Abbildungen. 1962. (834/834a)

Soziologie. Geschichte und Hauptprobleme von *L. von Wiese*. 7. Auflage. 175 Seiten. 1964. (101)

Ideengeschichte der sozialen Bewegung des 19. und 20. Jh. von *W. Hofmann*. 243 Seiten. 1962. (1205/1205a)

Sozialpsychologie von *P. R. Hofstätter*. 2. Auflage. 186 Seiten, 18 Abbildungen. 1964. (104/104a)

Psychologie des Berufs- und Wirtschaftslebens von *W. Moede †*. 190 Seiten, 48 Abbildungen. 1958. (851/851a)

Industrie- und Betriebssoziologie von *R. Dahrendorf*. 3. Auflage. 142 Seiten, 3 Figuren. 1964. (103)

Wirtschaftssoziologie von *F. Fürstenberg*. 122 Seiten. 1961. (1193)

Einführung in die Sozialethik von *H.-D. Wendland*. 144 Seiten. 1963. (1203)

Religion

Jesus von *M. Dibelius †*. 3. Auflage, mit einem Nachtrag von *W. G. Kümmel*. 140 Seiten. 1960. (1130)

Paulus von *M. Dibelius †*. Nach dem Tode des Verfassers herausgegeben und zu Ende geführt von *W. G. Kümmel*. 3., durchgesehene Auflage. 156 Seiten. 1964. (1160)

Luther von *F. Lau*. 151 Seiten. 1959. (1187)

Melanchthon von *R. Stupperich*. 139 Seiten. 1960. (1190)

Zwingli von *F. Schmidt-Clausing*. 1965. Im Druck (1219)

Einführung in die Konfessionskunde der orthodoxen Kirchen von *K. Onasch*. 291 Seiten. 1962. (1197/1197a)

Geschichte des christlichen Gottesdienstes von *W. Nagel*. 215 Seiten. 1962. (1202/1202a)

Geschichte Israels. Von den Anfängen bis zur Zerstörung des Tempels (70 n. Chr.) von *E. L. Ehrlich*. 158 Seiten, 1 Tafel. 1958. (231/231a)

Römische Religionsgeschichte von *F. Altheim*. 2 Bände. 2., umgearbeitete Auflage.
I: Grundlagen und Grundbegriffe. 116 Seiten. 1956. (1035)
II: Der geschichtliche Ablauf. 164 Seiten. 1956. (1052)

Die Religion des Buddhismus von *D. Schlingloff*. 2 Bände.
I: Der Heilsweg des Mönchtums. 122 Seiten, 11 Abbildungen, 1 Karte. 1962. (174)
II: Der Heilsweg für die Welt. 129 Seiten, 9 Abbildungen, 1 Karte. 1963. (770)

Musik

Musikästhetik von *H. J. Moser*. 180 Seiten. Mit zahlreichen Notenbeispielen. 1953. (344)
Systematische Modulation von *R. Hernried*. 2. Auflage. 136 Seiten. Mit zahlreichen Notenbeispielen. 1950. (1094)
Der polyphone Satz von *E. Pepping*. 2 Bände.
I: Der cantus-firmus-Satz. 2. Auflage. 223 Seiten. Mit zahlreichen Notenbeispielen. 1950. (1148)
II: Übungen im doppelten Kontrapunkt und im Kanon. 137 Seiten. Mit zahlreichen Notenbeispielen. 1957. (1164/1164a)
Allgemeine Musiklehre von *H. J. Moser*. 2., durchgesehene Auflage. 155 Seiten. Mit zahlreichen Notenbeispielen. 1955. (220/220a)
Harmonielehre von *H. J. Moser*. 2 Bände.
I: 109 Seiten. Mit 120 Notenbeispielen. 1954. (809)
II: In Vorbereitung. (810)
Die Musik des 19. Jahrhunderts von *W. Oehlmann*. 180 Seiten. 1953. (170)
Die Musik des 20. Jahrhunderts von *W. Oehlmann*. 312 Seiten. 1961. (171/171a)
Technik der deutschen Gesangskunst von *H. J. Moser*. 3., durchgesehene und verbesserte Auflage. 144 Seiten, 5 Figuren sowie Tabellen und Notenbeispiele. 1954. (576/576a)
Die Kunst des Dirigierens von *H. W. von Waltershausen †*. 2., vermehrte Auflage. 138 Seiten. Mit 19 Notenbeispielen. 1954. (1147)
Die Technik des Klavierspiels aus dem Geiste des musikalischen Kunstwerkes von *K. Schubert †*. 3. Auflage. 110 Seiten. Mit Notenbeispielen. 1954. (1045)

Kunst

Stilkunde von *H. Weigert*. 2 Bände. 3., durchgesehene und ergänzte Auflage.
I: Vorzeit, Antike, Mittelalter. 136 Seiten, 94 Abbildungen. 1958. (80)
II: Spätmittelalter und Neuzeit. 150 Seiten, 88 Abbildungen. 1958. (781)
Archäologie von *A. Rumpf*. 3 Bände.
I: Einleitung, historischer Überblick. 143 Seiten, 6 Abbildungen, 12 Tafeln. 1953. (538)
II: Die Archäologensprache. Die antiken Reproduktionen. 136 Seiten, 7 Abbildungen, 12 Tafeln. 1956. (539)
III: In Vorbereitung. (540)

Geschichte

Einführung in die Geschichtswissenschaft von *P. Kirn*. 4., durchgesehene Auflage. 127 Seiten. 1963. (270)

GEISTESWISSENSCHAFTEN

Einführung in die Zeitgeschichte von *B. Scheurig*. 101 Seiten. 1962. (1204)

Zeitrechnung der römischen Kaiserzeit, des Mittelalters und der Neuzeit für die Jahre 1—2000 n. Chr. von *H. Lietzmann †*. 3. Auflage, durchgesehen von *K. Aland*. 130 Seiten. 1956. (1085)

Kultur der Urzeit von *F. Behn*. 3 Bände. 4. Auflage der Kultur der Urzeit Bd. 1—3 von *M. Hoernes*.

I: Die vormetallischen Kulturen. (Die Steinzeiten Europas. Gleichartige Kulturen in anderen Erdteilen.) 172 Seiten, 48 Abbildungen. 1950. (564)

II: Die älteren Metallkulturen. (Der Beginn der Metallbenutzung, Kupfer- und Bronzezeit in Europa, im Orient und in Amerika.) 160 Seiten, 67 Abbildungen. 1950. (565)

III: Die jüngeren Metallkulturen. (Das Eisen als Kulturmetall, Hallstatt-Latène-Kultur in Europa. Das erste Auftreten des Eisens in den anderen Weltteilen.) 149 Seiten, 60 Abbildungen. 1950. (566)

Vorgeschichte Europas von *F. Behn*. Völlig neue Bearbeitung der 7. Auflage der „Urgeschichte der Menschheit" von *M. Hoernes*. 125 Seiten, 47 Abbildungen. 1949. (42)

Der Eintritt der Germanen in die Geschichte von *J. Haller †*. 3. Auflage, durchgesehen von *H. Dannenbauer*. 120 Seiten, 6 Kartenskizzen. 1957. (1117)

Von den Karolingern zu den Staufern. Die altdeutsche Kaiserzeit (900—1250) von *J. Haller †*. 4., durchgesehene Auflage von *H. Dannenbauer*. 142 Seiten, 4 Karten. 1958. (1065)

Von den Staufern zu den Habsburgern. Auflösung des Reichs und Emporkommen der Landesstaaten (1250—1519) von *J. Haller †*. 2., durchgesehene Auflage von *H. Dannenbauer*. 118 Seiten, 6 Kartenskizzen. 1960. (1077)

Deutsche Geschichte im Zeitalter der Reformation, der Gegenreformation und des dreißigjährigen Krieges von *F. Hartung*. 2., durchgesehene Auflage. 128 Seiten. 1963. (1105)

Deutsche Geschichte von 1648—1740. Politischer und geistiger Wiederaufbau von *W. Treue*. 120 Seiten. 1956. (35)

Deutsche Geschichte von 1713—1806. Von der Schaffung des europäischen Gleichgewichts bis zu Napoleons Herrschaft von *W. Treue*. 168 Seiten. 1957. (39)

Deutsche Geschichte von 1806—1890. Vom Ende des alten bis zur Höhe des neuen Reiches von *W. Treue*. 128 Seiten. 1961. (893)

Deutsche Geschichte von 1890 bis zur Gegenwart von *W. Treue*. In Vorbereitung. (894)

Quellenkunde der Deutschen Geschichte im Mittelalter (bis zur Mitte des 15. Jahrhunderts) von *K. Jacob †*. 3 Bände.

I: Einleitung. Allgemeiner Teil. Die Zeit der Karolinger. 6. Auflage, bearbeitet von *H. Hohenleutner*. 127 Seiten. 1959. (279)

II: Die Kaiserzeit (911—1250). 5. Auflage, neubearbeitet von *H. Hohenleutner*. 141 Seiten. 1961. (280)

III: Das Spätmittelalter (vom Interregnum bis 1500). Herausgegeben von *F. Weden*. 152 Seiten. 1952. (284)

Geschichte Englands von *H. Preller*. 2 Bände.
I: bis 1815. 3., stark umgearbeitete Auflage. 135 Seiten, 7 Stammtafeln, 2 Karten. 1952. (375)
II: Von 1815 bis 1910. 2., völlig umgearbeitete Auflage. 118 Seiten, 1 Stammtafel, 7 Karten. 1954. (1088)

Römische Geschichte von *F. Altheim*. 4 Bände. 2., verbesserte Auflage.
I: Bis zur Schlacht bei Pydna (168 v.Chr.). 124 Seiten. 1956. (19)
II: Bis zur Schlacht bei Actium (31 v.Chr.). 129 Seiten. 1956. (677)
III: Bis zur Schlacht an der Milvischen Brücke (312 n.Chr.). 148 Seiten. 1958. (679)
IV: Bis zur Schlacht am Yarmuk (636 n.Chr.). In Vorbereitung. (684)

Geschichte der Vereinigten Staaten von Amerika von *O. Graf zu Stolberg-Wernigerode*. 192 Seiten, 10 Karten. 1956. (1051/1051a)

Deutsche Sprache und Literatur

Geschichte der Deutschen Sprache von *H. Sperber*. 4. Auflage, besorgt von *W. Fleischhauer*. 128 Seiten. 1963. (915)

Deutsches Rechtschreibungswörterbuch von *M. Gottschald* †. 2., verbesserte Auflage. 219 Seiten. 1953. (200/200a)

Deutsche Wortkunde. Kulturgeschichte des deutschen Wortschatzes von *A. Schirmer*. 4. Auflage von *W. Mitzka*. 123 Seiten. 1960. (929)

Deutsche Sprachlehre von *W. Hofstaetter*. 10. Auflage. Völlige Umarbeitung der 8. Auflage. 150 Seiten. 1960. (20)

Stimmkunde für Beruf, Kunst und Heilzwecke von *H. Biehle*. 111 Seiten. 1955. (60)

Redetechnik. Einführung in die Rhetorik von *H. Biehle*. 2., erweiterte Auflage. 151 Seiten. 1961. (61)

Sprechen und Sprachpflege (Die Kunst des Sprechens) von *H. Feist*. 2., verbesserte Auflage. 99 Seiten, 25 Abbildungen. 1952. (1122)

Deutsches Dichten und Denken von der germanischen bis zur staufischen Zeit von *H. Naumann* †. (Deutsche Literaturgeschichte vom 5.—13. Jahrhundert.) 2., verbesserte Auflage. 166 Seiten. 1952. (1121)

Deutsches Dichten und Denken vom Mittelalter zur Neuzeit von *G. Müller* (1270 bis 1700). 3., durchgesehene Auflage. 159 Seiten. In Vorbereitung. (1086)

Deutsches Dichten und Denken von der Aufklärung bis zum Realismus (Deutsche Literaturgeschichte von 1700—1890) von *K. Viëtor* †. 3., durchgesehene Auflage. 159 Seiten. 1958. (1096)

Deutsche Heldensage von *H. Schneider*. 2. Auflage, bearbeitet von *R. Wisniewski*. 148 Seiten. 1964. (32)

Der Nibelunge Nôt in Auswahl mit kurzem Wörterbuch von *K. Langosch*. 10., durchgesehene Auflage. 164 Seiten. 1956. (1)

Kudrun und Dietrich-Epen in Auswahl mit Wörterbuch von *O. L. Jiriczek*. 6. Auflage, bearbeitet von *R. Wisniewski*. 173 Seiten. 1957. (10)

Wolfram von Eschenbach. Parzival. Eine Auswahl mit Anmerkungen und Wörterbuch von *H. Jantzen*. 2. Auflage, bearbeitet von *H. Kolb*. 128 Seiten. 1957. (921)

Hartmann von Aue. Der arme Heinrich nebst einer Auswahl aus der „Klage", dem „Gregorius" und den Liedern (mit einem Wörterverzeichnis) herausgegeben von *F. Maurer*. 96 Seiten. 1958. (18)
Gottfried von Strassburg in Auswahl herausgegeben von *F. Maurer*. 142 Seiten. 1959. (22)
Die deutschen Personennamen von *M. Gottschald* †. 2., verbesserte Auflage. 151 Seiten. 1955. (422)
Althochdeutsches Elementarbuch. Grammatik und Texte von *H. Naumann* † und *W. Betz*. 3., verbesserte und vermehrte Auflage. 183 Seiten. 1962. (1111/1111a)
Mittelhochdeutsche Grammatik von *H. de Boor* und *R. Wisniewski*. 4., verbesserte und ergänzte Auflage. 150 Seiten. 1964. (1108)

Indogermanisch, Germanisch

Indogermanische Sprachwissenschaft von *H. Krahe*. 2 Bände. 4., überarbeitete Auflage.
I: Einleitung und Lautlehre. 110 Seiten. 1962. (59)
II: Formenlehre. 100 Seiten. 1963. (64)
Gotisches Elementarbuch. Grammatik, Texte mit Übersetzung und Erläuterungen von *H. Hempel*. 3., umgearbeitete Auflage. 166 Seiten. 1962. (79/79a)
Germanische Sprachwissenschaft von *H. Krahe*. 2 Bände.
I: Einleitung und Lautlehre. 5., überarbeitete Auflage. 149 Seiten. 1963. (238)
II: Formenlehre. 5., verbesserte Auflage. 149 Seiten. 1964. (780)
Altnordisches Elementarbuch. Schrift, Sprache, Texte mit Übersetzung und Wörterbuch von *F. Ranke*. 2., durchgesehene Auflage. 146 Seiten. 1949. (1115)

Englisch, Romanisch

Altenglisches Elementarbuch. Einführung, Grammatik, Texte mit Übersetzung und Wörterbuch von *M. Lehnert*. 5., verbesserte Auflage. 178 Seiten. 1962. (1125)
Historische neuenglische Laut- und Formenlehre von *E. Ekwall*. 3., durchgesehene Auflage. 150 Seiten. 1956. (735)
Englische Phonetik von *H. Mutschmann* †. 2. Auflage, bearbeitet von *G. Scherer*. 127 Seiten. 1963. (601)
Englische Literaturgeschichte von *F. Schubel*. 4 Bände.
I: Die alt- und mittelenglische Periode. 163 Seiten. 1954. (1114)
II: Von der Renaissance bis zur Aufklärung. 160 Seiten. 1956. (1116)
III: Romantik und Viktorianismus. 160 Seiten. 1960. (1124)
Beowulf von *M. Lehnert*. Eine Auswahl mit Einführung, teilweiser Übersetzung, Anmerkungen und etymologischem Wörterbuch. 3., verbesserte Auflage. 135 Seiten. 1959. (1135)
Shakespeare von *P. Meißner* †. 2. Auflage, neubearbeitet von *M. Lehnert*. 136 Seiten. 1954. (1142)

Romanische Sprachwissenschaft von *H. Lausberg*. 4 Bände.
I: Einleitung und Vokalismus. 2., durchgesehene Auflage. 211 Seiten. 1963. (128/128a)
II: Konsonantismus. 95 Seiten. 1956. (250)
III: Formenlehre. 1. Teil. 99 Seiten. 1962. (1199)
III: Formenlehre. 2. Teil. S. 99—260. 1962. (1200/1200a)
IV: Wortlehre. In Vorbereitung. (1208)

Griechisch, Lateinisch

Griechische Sprachwissenschaft von *W. Brandenstein*. 3 Bände.
I: Einleitung, Lautsystem, Etymologie. 160 Seiten. 1954. (117)
II: Wortbildung und Formenlehre. 192 Seiten. 1959. (118/118a)
III: Syntax. In Vorbereitung. (924)

Geschichte der griechischen Sprache. 2 Bände.
I: Bis zum Ausgang der klassischen Zeit von *O. Hoffmann †*. 3. Auflage, bearbeitet von *A. Debrunner †*. 156 Seiten. 1953. (111)
II: Grundfragen und Grundzüge des nachklassischen Griechisch von *A. Debrunner †*. 144 Seiten. 1954. (114)

Geschichte der griechischen Literatur von *W. Nestle*. 2 Bände. 3. Auflage, bearbeitet von *W. Liebich*.
I: 144 Seiten. 1961. (70)
II: 149 Seiten. 1963. (557)

Grammatik der neugriechischen Volkssprache von *J. Kalitsunakis*. 3., wesentlich erweiterte und verbesserte Auflage. 196 Seiten. 1963. (756/756a)

Neugriechisch-deutsches Gesprächsbuch von *J. Kalitsunakis*. 2. Auflage, bearbeitet von *A. Steinmetz*. 99 Seiten. 1960. (587)

Geschichte der lateinischen Sprache von *F. Stolz*. 4. Auflage von *A. Debrunner †*. In Vorbereitung. (492)

Geschichte der römischen Literatur von *L. Bieler*. 2 Bände.
I: Die Literatur der Republik. 160 Seiten. 1961. (52)
II: Die Literatur der Kaiserzeit. 133 Seiten. 1961. (866)

Hebräisch, Sanskrit, Russisch

Hebräische Grammatik von *G. Beer †*. 2 Bände. Völlig neubearbeitet von *R. Meyer*.
I: Schrift-, Laut- und Formenlehre I. 3. Auflage. Etwa 224 Seiten. In Vorbereitung. (763/763a)
II: Formenlehre II. Syntax und Flexionstabellen. 2. Auflage. 195 Seiten. 1955. (764/764a)

Hebräisches Textbuch zu *G. Beer-R. Meyer*, Hebräische Grammatik von *R. Meyer*. 170 Seiten. 1960. (769/769a)

Sanskrit-Grammatik von *M. Mayrhofer*. 89 Seiten. 1953. (1158)

Russische Grammatik von *E. Berneker †*. 6., verbesserte Auflage von *M. Vasmer †*. 155 Seiten. 1961. (66)

Slavische Sprachwissenschaft von *H. Bräuer*. 2 Bände.
I: Einleitung, Lautlehre. 221 Seiten. 1961. (1191/1191a)

Erd- und Länderkunde, Kartographie

Afrika von *F. Jaeger*. Ein geographischer Überblick. 2 Bände. 3. Auflage.
I: Der Lebensraum. 179 Seiten, 18 Abbildungen. In Vorbereitung. (910)
II: Mensch und Kultur. 155 Seiten, 6 Abbildungen. In Vorbereitung. (911)

Australien und Ozeanien von *H. J. Krug*. 176 Seiten, 46 Skizzen. 1953. (319)

Kartographie von *V. Heissler*. 213 Seiten, 125 Abb., 8 Anlagen. 1962. (30/30a)

Volkswirtschaft, Statistik, Publizistik

Allgemeine Betriebswirtschaftslehre von *K. Mellerowicz*. 4 Bände. 11., durchgesehene Auflage.
I: 224 Seiten. 1961. (1008/1008a)
II: 188 Seiten. 1962. (1153/1153a)
III: 260 Seiten. 1963. (1154/1154a)
IV: 209 Seiten. 1963. (1186/1186a)

Buchhaltung und Bilanz von *E. Kosiol*. 170 Seiten. 1964. (1213/1213a)

Geschichte der Volkswirtschaftslehre von *S. Wendt*. 182 Seiten. 1961. (1194)

Allgemeine Volkswirtschaftslehre von *A. Paulsen*. 4 Bände.
I: Grundlegung, Wirtschaftskreislauf. 5., neubearbeitete Auflage. 154 Seiten. 1964. (1169)
II: Haushalte, Unternehmungen, Marktformen. 5., neubearbeitete Auflage. 172 Seiten, 31 Abbildungen. 1964. (1170)
III: Produktionsfaktoren. 3., neubearbeitete und ergänzte Auflage. 198 Seiten. 1963. (1171)
IV: Gesamtbeschäftigung, Konjunkturen, Wachstum. 3. Auflage. 174 Seiten. 1964. (1172)

Allgemeine Volkswirtschaftspolitik von *H. Ohm*. 2 Bände.
I: Systematisch-Theoretische Grundlegung. 137 Seiten, 6 Abbildungen. 1962. (1195)
II: Der volkswirtschaftliche Gesamtorganismus als Objekt der Wirtschaftspolitik. In Vorbereitung. (1196)

Finanzwissenschaft von *H. Kolms*. 4 Bände.
I: Grundlegung, Öffentliche Ausgaben. 2., verbesserte Auflage. 162 Seiten. 1963. (148)
II: Erwerbseinkünfte, Gebühren und Beiträge, Allgemeine Steuerlehre. 2., verbesserte Auflage. 150 Seiten. 1964. (391)
III: Besondere Steuerlehre. 178 Seiten. 1962. (776)
IV: Öffentlicher Kredit. Haushaltswesen. Finanzausgleich. 1964. Im Druck. (782)

Finanzmathematik von *M. Nicolas*. 192 Seiten, 11 Tafeln, 8 Tabellen und 72 Beispiele. 1959. (1183/1183a)

Industrie- und Betriebssoziologie von *R. Dahrendorf*. 3. Auflage. 142 Seiten, 3 Figuren. 1965. (103)

Wirtschaftssoziologie von *F. Fürstenberg*. 122 Seiten. 1961. (1193)

Psychologie des Berufs- und Wirtschaftslebens von *W. Moede †*. 190 Seiten, 48 Abbildungen. 1958. (851/851a)

Einführung in die Arbeitswissenschaft von *H. H. Hilf*. 169 Seiten, 57 Abbildungen. 1964. (1212/1212a)

Allgemeine Methodenlehre der Statistik von *J. Pfanzagl*. 2 Bände. 2., neubearbeitete Auflage.
I: Elementare Methoden unter besonderer Berücksichtigung der Anwendungen in den Wirtschafts- und Sozialwissenschaften. 251 Seiten, 42 Abbildungen. 1964. (746/746a)
II: Höhere Methoden unter besonderer Berücksichtigung der Anwendungen in Naturwissenschaft, Medizin und Technik. 295 Seiten, 39 Abbildungen. 1965. Im Druck. (747/747a)

Zeitungslehre von *E. Dovifat*. 2 Bände. 4., neubearbeitete Auflage.
I: Theoretische und rechtliche Grundlagen — Nachricht und Meinung — Sprache und Form. 149 Seiten. 1962. (1039)
II: Redaktion — Die Sparten: Verlag und Vertrieb, Wirtschaft und Technik — Sicherung der öffentlichen Aufgabe. 168 Seiten. 1962. (1040)

Naturwissenschaften

Mathematik

Geschichte der Mathematik von *J. E. Hofmann*. 4 Bände.
- I: Von den Anfängen bis zum Auftreten von Fermat und Descartes. 2., verbesserte und vermehrte Auflage. 251 Seiten. 1963. (226/226a)
- II: Von Fermat und Descartes bis zur Erfindung des Calculus und bis zum Ausbau der neuen Methoden. 109 Seiten. 1957. (875)
- III: Von den Auseinandersetzungen um den Calculus bis zur französischen Revolution. 107 Seiten. 1957. (882)
- IV: Geschichte der Mathematik der neuesten Zeit von *N. Stuloff*. In Vorbereitung. (883)

Mathematische Formelsammlung von *F. O. Ringleb*. 7., erweiterte Auflage. 320 Seiten, 40 Figuren. 1960. (51/51a)

Vierstellige Tafeln und Gegentafeln für logarithmisches und trigonometrisches Rechnen in zwei Farben zusammengestellt von *H. Schubert* und *R. Haussner*. 3., neubearbeitete Auflage von *J. Erlebach*. 158 Seiten. 1960. (81)

Fünfstellige Logarithmen mit mehreren graphischen Rechentafeln und häufig vorkommenden Zahlenwerten von *A. Adler*. 4. Auflage, überarbeitet von *J. Erlebach*. 127 Seiten, 1 Tafel. 1962. (423)

Arithmetik von *P. B. Fischer †*. 3. Auflage von *H. Rohrbach*. 152 Seiten, 19 Abbildungen. 1958. (47)

Höhere Algebra von *H. Hasse*. 2 Bände.
- I: Lineare Gleichungen. 5., neubearbeitete Auflage. 150 Seiten. 1963. (931)
- II: Gleichungen höheren Grades. 4., durchgesehene Auflage. 158 Seiten, 5 Figuren. 1958. (932)

Aufgabensammlung zur höheren Algebra von *H. Hasse* und *W. Klobe*. 3., verbesserte Auflage. 183 Seiten. 1961. (1082)

Elementare und klassische Algebra vom modernen Standpunkt von *W. Krull*. 2 Bände.
- I: 3., erweiterte Auflage. 148 Seiten. 1963. (930)
- II: 132 Seiten. 1959. (933)

Lineare Programmierung von *H. Langen*. Etwa 200 Seiten. 1964. (1206/1206a)

Algebraische Kurven und Flächen von *W. Burau*. 2 Bände.
- I: Algebraische Kurven der Ebene. 153 Seiten, 28 Abbildungen. 1962. (435)
- II: Algebraische Flächen 3. Grades und Raumkurven 3. und 4. Grades. 162 Seiten, 17 Abbildungen. 1962. (436/436a)

Einführung in die Zahlentheorie von *A. Scholz †*. Überarbeitet und herausgegeben von *B. Schoeneberg*. 3. Auflage. 128 Seiten. 1961. (1131)

Formale Logik von *P. Lorenzen*. 2., verbesserte Auflage. 165 Seiten. 1962. (1176/1176a)

Topologie von *W. Franz*. 2 Bände.
I: Allgemeine Topologie. 144 Seiten, 9 Figuren. 1960. (1181)
II: Algebraische Topologie. 130 Seiten. 1964. (1182/1182a)

Elemente der Funktionentheorie von *K. Knopp †*. 6. Auflage. 144 Seiten, 23 Figuren. 1963. (1109)

Funktionentheorie von *K. Knopp †*. 2 Bände. 11. Auflage.
I: Grundlagen der allgemeinen Theorie der analytischen Funktionen. 144 Seiten, 8 Figuren. 1964. (668)
II: Anwendungen und Weiterführung der allgemeinen Theorie. 130 Seiten, 7 Figuren. 1964. (703)

Aufgabensammlung zur Funktionentheorie von *K. Knopp †*. 2 Bände. 6. Auflage.
I: Aufgaben zur elementaren Funktionentheorie. 135 Seiten. 1962. (877)
II: Aufgaben zur höheren Funktionentheorie. 151 Seiten. 1964. (878)

Differential- und Integralrechnung von *M. Barner*. (Früher *Witting*). 4 Bände.
I: Grenzwertbegriff, Differentialrechnung. 2., durchgesehene Auflage. 176 Seiten, 39 Figuren. 1963. (86)

Gewöhnliche Differentialgleichungen von *G. Hoheisel*. 7., neubearbeitete und erweiterte Auflage. 128 Seiten. 1964. Im Druck. (920)

Partielle Differentialgleichungen von *G. Hoheisel*. 4., durchgesehene Auflage. 128 Seiten. 1960. (1003)

Aufgabensammlung zu den gewöhnlichen und partiellen Differentialgleichungen von *G. Hoheisel*. 4., neubearbeitete Auflage. 153 Seiten. 1964. (1059/1059a)

Integralgleichungen von *G. Hoheisel*. 2., neubearbeitete und erweiterte Auflage. 112 Seiten. 1963. (1099)

Mengenlehre von *E. Kamke*. 5. Auflage. 194 Seiten, 6 Figuren. 1965. (999/999a)

Gruppentheorie von *L. Baumgartner*. 4., erweiterte Auflage. 186 Seiten, 3 Tafeln. 1964. (837/837a)

Ebene und sphärische Trigonometrie von *G. Hessenberg †*. 5. Auflage, durchgesehen von *H. Kneser*. 172 Seiten, 60 Figuren. 1957. (99)

Darstellende Geometrie von *W. Haack*. 3 Bände.
I: Die wichtigsten Darstellungsmethoden. Grund- und Aufriß ebenflächiger Körper. 4., durchgesehene und ergänzte Auflage. 113 Seiten, 120 Abbildungen. 1963. (142)
II: Körper mit krummen Begrenzungsflächen. Kotierte Projektionen. 3., durchgesehene Auflage. 129 Seiten, 86 Abbildungen. 1962. (143)
III: Axonometrie und Perspektive. 2., durchgesehene und ergänzte Auflage. 129 Seiten, 100 Abbildungen. 1962. (144)

Analytische Geometrie von *K. P. Grotemeyer*. 3. Auflage. 218 Seiten, 73 Abbildungen. 1964. (65/65a)

Nichteuklidische Geometrie. Hyperbolische Geometrie der Ebene von *R. Baldus †*. Bearbeitet und ergänzt von *F. Löbell*. 4. Auflage. 158 Seiten, 75 Figuren. 1964. (970/970a)

Differentialgeometrie von *K. Strubecker*. 3 Bände.
I: Kurventheorie der Ebene und des Raumes. 2., erweiterte Auflage. 253 Seiten, 45 Figuren. 1964. (1113/1113a)

II: Theorie der Flächenmetrik. 195 Seiten, 14 Figuren. 1958. (1179/1179a)
III: Theorie der Flächenkrümmung. 254 Seiten, 38 Figuren. 1959. (1180/1180a)
Variationsrechnung von *L. Koschmieder.* 2 Bände. 2., neubearbeitete Auflage.
I: Das freie und gebundene Extrem einfacher Grundintegrale. 128 Seiten, 23 Figuren. 1962. (1074)
II: Anwendung klassischer Verfahren auf allgemeine Fragen des Extrems. — Neuere unmittelbare Verfahren. In Vorbereitung. (1075)
Einführung in die konforme Abbildung von *L. Bieberbach.* 5., erweiterte Auflage. 180 Seiten, 42 Figuren. 1956. (768/768a)
Vektoren und Matrizen von *S. Valentiner.* 3. Auflage. (10., erweiterte Auflage der „Vektoranalysis"). Mit Anhang: Aufgaben zur Vektorrechnung von *H. König.* 206 Seiten, 35 Figuren. 1963. (354/354a)
Wahrscheinlichkeitstheorie und Grundzüge der Maßtheorie von *H. Bauer.* 2 Bände.
I: 151 Seiten. 1964. (1216/1216a)
II: In Vorbereitung. (1217)
Versicherungsmathematik von *F. Böhm.* 2 Bände.
I: Elemente der Versicherungsrechnung. 3., vermehrt und verbesserte Auflage. Durchgesehener Neudruck. 151 Seiten 1953. (180)
II: Lebensversicherungsmathematik. Einführung in die technischen Grundlagen der Sozialversicherung. 2., verbesserte und vermehrte Auflage. 205 Seiten. 1953. (917/917a)
Finanzmathematik von *M. Nicolas.* 192 Seiten, 11 Tafeln, 8 Tabellen und 72 Beispiele. 1959. (1183/1183a)
Kinematik von *H. R. Müller.* 171 Seiten, 75 Figuren. 1963. (584/584a)

Physik

Einführung in die theoretische Physik von *W. Döring.* 5 Bände.
I: Mechanik. 3., verbesserte Auflage. 123 Seiten, 25 Abbildungen. 1964. Im Druck. (76)
II: Das elektromagnetische Feld. 2., verbesserte Auflage. 132 Seiten, 15 Abbildungen. 1962. (77)
III: Optik. 2., verbesserte Auflage. 117 Seiten, 32 Abbildungen. 1963. (78)
IV: Thermodynamik. 2., verbesserte Auflage. 107 Seiten, 9 Abbildungen. 1964. (374)
V: Statistische Mechanik. 114 Seiten, 12 Abbildungen. 1957. (1017)
Mechanik deformierbarer Körper von *M. Päsler.* 199 Seiten, 48 Abbildungen. 1960. (1189/1189a)
Atomphysik von *K. Bechert, Ch. Gerthsen †* und *A. Flammersfeld.* 7 Bände. 4., durchgesehene Auflage.
I: Allgemeine Grundlagen. 1. Teil von *A. Flammersfeld.* 124 Seiten, 35 Abbildungen. 1959. (1009)
II: Allgemeine Grundlagen. 2. Teil von *A. Flammersfeld.* 112 Seiten, 47 Abbildungen. 1963. (1033)

III: Theorie des Atombaus. 1. Teil von *K. Bechert.* 148 Seiten, 16 Abbildungen. 1963. (1123/1123a)
IV: Theorie des Atombaus. 2. Teil von *K. Bechert.* 170 Seiten, 14 Abbildungen. 1963. (1165/1165a)

Differentialgleichungen der Physik von *F. Sauter.* 3., durchgesehene und ergänzte Auflage. 148 Seiten, 16 Figuren. 1958. (1070)

Physikalische Formelsammlung von *G. Mahler†.* Fortgeführt von *K. Mahler.* Neubearbeitet von *H. Graewe.* 11. Auflage. 167 Seiten, 69 Figuren. 1963. (136)

Physikalische Aufgabensammlung mit Ergebnissen von *G. Mahler †.* Fortgeführt von *K. Mahler.* Neubearbeitet von *H. Graewe.* 12. Auflage. 141 Seiten. 1964. (243)

Chemie

Geschichte der Chemie in kurzgefaßter Darstellung von *G. Lockemann.* 2 Bände.
I: Vom Altertum bis zur Entdeckung des Sauerstoffs. 2. Auflage. 142 Seiten, 8 Bildnisse. In Vorbereitung. (264)
II: Von der Entdeckung des Sauerstoffs bis zur Gegenwart. 151 Seiten, 16 Bildnisse. 1955. (265/265a)

Anorganische Chemie von *W. Klemm.* 13. Auflage. 255 Seiten, 34 Abbildungen. 1964. (37/37a)

Organische Chemie von *W. Schlenk.* 9., erweiterte Auflage. 273 Seiten, 16 Abbildungen. 1963. (38/38a)

Physikalische Methoden in der Organischen Chemie von *G. Kresze.* 2 Bände.
I: 119 Seiten, 65 Abbildungen. 1962. (44)
II: 164 Seiten. 1962. (45/45a)

Allgemeine und physikalische Chemie von *W. Schulze.* 2 Bände.
I: 5., durchgesehene Auflage. 139 Seiten, 10 Figuren. 1960. (71)
II: 5., verbesserte Auflage. 178 Seiten, 37 Figuren. 1961. (698/698a)

Einfache Versuche zur allgemeinen und physikalischen Chemie von *E. Dehn.* 371 Versuche mit 40 Abbildungen. 272 Seiten. 1962. (1201/1201a)

Molekülbau. Theoretische Grundlagen und Methoden der Strukturermittlung von *W. Schulze.* 123 Seiten, 43 Figuren. 1958. (786)

Physikalisch-chemische Rechenaufgaben von *E. Asmus.* 3., verbesserte Auflage. 96 Seiten. 1958. (445)

Maßanalyse. Theorie und Praxis der klassischen und der elektrochemischen Titrierverfahren von *G. Jander* und *K. F. Jahr.* 10., erweiterte Auflage, mitbearbeitet von *H. Knoll.* 358 Seiten, 56 Figuren. 1963. (221/221a)

Qualitative Analyse von *H. Hofmann* u. *G. Jander.* 2., durchgesehene und verbesserte Auflage. 308 Seiten, 5 Abbildungen. 1963. (247/247a)

Thermochemie von *W. A. Roth †.* 2., verbesserte Auflage. 109 Seiten, 16 Figuren. 1952. (1057)

Stöchiometrische Aufgabensammlung von *W. Bahrdt* † und *R. Scheer*. Mit den Ergebnissen. 8., durchgesehene Auflage. 119 Seiten. 1964. (452)

Elektrochemie von *K. Vetter*. 2 Bände.
I: In Vorbereitung. (252)
II: In Vorbereitung. (253)

Technologie

Die Chemie der Kunststoffe von *K. Hamann*, unter Mitarbeit von *W. Funke* und *H. D. Hermann*. 143 Seiten. 1960. (1173)

Warenkunde von *K. Hassak* und *E. Beutel* †. 2 Bände.
I: Anorganische Waren sowie Kohle und Erdöl. 8. Auflage. Neubearbeitet von *A. Kutzelnigg*. 119 Seiten, 18 Figuren. 1958. (222)
II: Organische Waren. 8. Auflage. Vollständig neubearbeitet von *A. Kutzelnigg*. 157 Seiten, 32 Figuren. 1959. (223)

Die Fette und Öle von *Th. Klug*. 6., verbesserte Auflage. 143 Seiten. 1961. (335)

Die Seifenfabrikation von *K. Braun* †. 3., neubearbeitete und verbesserte Auflage von *Th. Klug*. 116 Seiten, 18 Abbildungen. 1953. (336)

Thermische Verfahrenstechnik von *H. Bock*. 3 Bände.
I: Eigenschaften und Verhalten der realen Stoffe. 164 Seiten, 28 Abbildungen. 1963. (1209/1209a)
II: Funktion und Berechnung der elementaren Geräte. 195 Seiten, 54 Abbildungen. 1964. (1210/1210a)
III: Fließbilder, ihre Funktion und ihr Zusammenbau aus Geräten. Im Druck. (1211/1211a)

Textilindustrie von *A. Blümcke*.
I: Spinnerei und Zwirnerei. 111 Seiten, 43 Abbildungen. 1954. (184)

Biologie

Einführung in die allgemeine Biologie und ihre philosophischen Grund- und Grenzfragen von *M. Hartmann*. 132 Seiten, 2 Abbildungen. 1956. (96)

Hormone von *G. Koller*. 2., neubearbeitete und erweiterte Auflage. 187 Seiten, 60 Abbildungen, 19 Tabellen. 1949. (1141)

Fortpflanzung im Tier- und Pflanzenreich von *J. Hämmerling*. 2., ergänzte Auflage. 135 Seiten, 101 Abbildungen. 1951. (1138)

Geschlecht und Geschlechtsbestimmung im Tier- und Pflanzenreich von *M. Hartmann*. 2., verbesserte Auflage. 116 Seiten, 61 Abbildungen, 7 Tabellen. 1951. (1127)

Symbiose der Tiere mit pflanzlichen Mikroorganismen von *P. Buchner*. 2., verbesserte und vermehrte Auflage. 130 Seiten, 121 Abbildungen. 1949. (1128)

Grundriß der Allgemeinen Mikrobiologie von *W.* u. *A. Schwartz*. 2 Bände. 2., verbesserte und ergänzte Auflage.
I: 147 Seiten, 25 Abbildungen. 1960. (1155)
II: 142 Seiten, 29 Abbildungen. 1961. (1157)

Botanik

Entwicklungsgeschichte des Pflanzenreiches von *H. Heil.* 2. Auflage. 138 Seiten, 94 Abbildungen, 1 Tabelle. 1950. (1137)

Morphologie der Pflanzen von *L. Geitler.*, 3., umgearbeitete Auflage. 126 Seiten, 114 Abbildungen. 1953. (141)

Pflanzengeographie von *L. Diels †.* 5., völlig neubearbeitete Auflage von *F. Mattick.* 195 Seiten, 2 Karten. 1958. (389/389 a)

Die Laubhölzer. Kurzgefaßte Beschreibung der in Mitteleuropa gedeihenden Laubbäume und Sträucher von *F. W. Neger †* und *E. Münch †.* 3., durchgesehene Auflage, herausgegeben von *B. Huber.* 143 Seiten, 63 Figuren, 7 Tabellen. 1950. (718)

Die Nadelhölzer (Koniferen) und übrigen Gymnospermen von *F. W. Neger †* und *E. Münch †.* 4. Auflage, durchgesehen und ergänzt von *B. Huber.* 140 Seiten, 75 Figuren, 4 Tabellen, 3 Karten. 1952. (355)

Pflanzenzüchtung von *H. Kuckuck.* 2 Bände.

I: Grundzüge der Pflanzenzüchtung. 3., völlig umgearbeitete und erweiterte Auflage. 132 Seiten, 22 Abbildungen. 1952. (1134)

II: Spezielle gartenbauliche Pflanzenzüchtung (Züchtung von Gemüse, Obst und Blumen). 178 Seiten, 27 Abbildungen. 1957. (1178/1178 a)

Zoologie

Entwicklungsphysiologie der Tiere von *F. Seidel.* 2 Bände.

I: Ei und Furchung. 126 Seiten, 29 Abbildungen. 1953. (1162)

II: Körpergrundgestalt und Organbildung. 159 Seiten, 42 Abbildungen. 1953. (1163)

Das Tierreich

I: Einzeller, Protozoen von *E. Reichenow.* 115 Seiten. 59 Abbildungen. 1956. (444)

II: Schwämme und Hohltiere von *H. J. Hannemann.* 95 Seiten, 80 Abbildungen. 1956. (442)

III: Würmer. Platt-, Hohl-, Schnurwürmer, Kamptozoen, Ringelwürmer, Protracheaten, Bärtierchen, Zungenwürmer von *S. Jaeckel.* 114 Seiten, 36 Abbildungen. 1955. (439)

IV, 1: Krebse von *H. E. Gruner* und *K. Deckert.* 114 Seiten, 43 Abbildungen. 1956. (443)

IV, 2: Spinnentiere (Trilobitomorphen, Fühlerlose) und Tausendfüßler von *A. Kaestner.* 96 Seiten, 55 Abbildungen. 1955. (1161)

IV, 3: Insekten von *H. von Lengerken.* 128 Seiten, 58 Abbildungen. 1953. (594)

V: Weichtiere. Urmollusken, Schnecken, Muscheln und Kopffüßer von *S. Jaeckel.* 92 Seiten. 34 Figuren. 1954. (440)

VI: Stachelhäuter. Tentakulaten, Binnenatmer und Pfeilwürmer von *S. Jaeckel.* 100 Seiten, 46 Abbildungen. 1955. (441)

VII, 1: Manteltiere, Schädellose, Rundmäuler von *Th. Haltenorth.* In Vorbereitung. (448)

VII, 2: Fische von *D. Lüdemann*. 130 Seiten, 65 Abbildungen. 1955. (356)
VII, 3: Lurche (Chordatiere) von *K. Herter*. 143 Seiten, 129 Abbildungen. 1955. (847)
VII, 4: Kriechtiere (Chordatiere) von *K. Herter*. 200 Seiten, 42 Abbildungen. 1960. (447/447a)
VII, 5: Vögel (Chordatiere) von *H.-A. Freye*. 156 Seiten, 69 Figuren. 1960. (869)
VII, 6: Säugetiere (Chordatiere) von *Th. Haltenorth*. In Vorbereitung. (282)

Land- und Forstwirtschaft

Landwirtschaftliche Tierzucht. Die Züchtung und Haltung der landwirtschaftlichen Nutztiere von *H. Vogel*. 139 Seiten, 11 Abbildungen. 1952. (228)

Kulturtechnische Bodenverbesserungen von *O. Fauser*. 2 Bände. 5., verbesserte und vermehrte Auflage.
I: Allgemeines, Entwässerung. 127 Seiten, 49 Abbildungen. 1959. (691)
II: Bewässerung, Ödlandkultur, Flurbereinigung. 159 Seiten, 71 Abbildungen. 1961. (692)

Agrikulturchemie von *K. Scharrer*. 2 Bände.
I: Pflanzenernährung. 143 Seiten. 1953. (329)
II: Futtermittelkunde. 192 Seiten. 1956. (330/330a)

Geologie, Mineralogie, Kristallographie

Geologie von *F. Lotze*. 3., verbesserte Auflage. 178 Seiten, 80 Abbildungen. 1964. Im Druck. (13/13a)

Mineral- und Erzlagerstättenkunde von *H. Huttenlocher †*. 2 Bände. 2. Auflage. Neubearbeitet von *P. Ramdohr*.
I: 128 Seiten, 34 Abbildungen. In Vorbereitung. (1014)
II: 156 Seiten, 48 Abbildungen. In Vorbereitung. (1015/1015a)

Allgemeine Mineralogie. 11., erweiterte Auflage der „Mineralogie" von *R. Brauns†*, neubearbeitet von *K. F. Chudoba*. 152 Seiten, 143 Textfiguren, 1 Tafel, 3 Tabellen. 1963. (29/29a)

Spezielle Mineralogie. 11., erweiterte Auflage der „Mineralogie" von *R. Brauns †*, bearbeitet von *K. F. Chudoba*. 193 Seiten, 127 Textfiguren, 6 Tabellen. 1964. (31/31a)

Petrographie (Gesteinskunde) von *W. Bruhns †*. Neubearbeitet von *P. Ramdohr*. 5., erweiterte Auflage. 141 Seiten, 10 Figuren. 1960. (173)

Kristallographie von *W. Bruhns †*. 6. Auflage, neubearbeitet von *P. Ramdohr*. 109 Seiten, 164 Abbildungen. 1965. In Vorbereitung. (210)

Einführung in die Kristalloptik von *E. Buchwald*. 5., verbesserte Auflage. 128 Seiten, 117 Figuren. 1963. (619/619a)

Lötrohrprobierkunde. Mineraldiagnose mit Lötrohr und Tüpfelreaktion von *M. Henglein*. 4., durchgesehene und erweiterte Auflage. 108 Seiten, 12 Figuren. 1962. (483)

Technik

Graphische Darstellung in Wissenschaft und Technik von *M. Pirani*. 3., erweiterte Auflage bearbeitet von *J. Fischer* unter Benutzung der von *I. Runge* besorgten 2. Auflage. 216 Seiten, 104 Abbildungen. 1957. (728/728a)

Technische Tabellen und Formeln von *W. Müller*. 5., verbesserte und erweiterte Auflage von *E. Schulze*. 165 Seiten, 114 Abbildungen, 99 Tafeln. 1962. (579)

Einführung in die Arbeitswissenschaft von *H. H. Hilf*. 164 Seiten, 57 Abbildungen. 1964. (1212/1212a)

Grundlagen der Straßenverkehrstechnik. Theorie der Leistungsfähigkeit von *E. Engel*. 101 Seiten, 55 Abbildungen. 1962. (1198)

Elektrotechnik

Grundlagen der allgemeinen Elektrotechnik von *O. Mohr*. 2., durchgesehene Auflage. 260 Seiten, 136 Bilder, 14 Tafeln. 1961. (196/196a)

Die Gleichstrommaschine von *K. Humburg*. 2 Bände. 2., durchgesehene Auflage.
I: 102 Seiten, 59 Abbildungen. 1956. (257)
II: 101 Seiten, 38 Abbildungen. 1956. (881)

Die Synchronmaschine von *W. Putz*. 92 Seiten, 64 Bilder. 1962. (1146)

Induktionsmaschinen von *F. Unger*. 2., erweiterte Auflage. 142 Seiten, 49 Abbildungen. 1954. (1140)

Die komplexe Berechnung von Wechselstromschaltungen von *H. H. Meinke*. 3. Auflage. 180 Seiten, 120 Abbildungen. 1964. (1156/1156a)

Theoretische Grundlagen zur Berechnung der Schaltgeräte von *F. Kesselring*. 3. Auflage. 144 Seiten, 92 Abbildungen. 1950. (711)

Einführung in die Technik selbsttätiger Regelungen von *W. zur Megede*. 2., durchgesehene Auflage. 180 Seiten, 86 Abbildungen. 1961. (714/714a)

Elektromotorische Antriebe (Grundlagen für die Berechnung) von *A. Schwaiger*. 3., neubearbeitete Auflage. 96 Seiten, 34 Abbildungen. 1952. (827)

Überspannungen und Überspannungsschutz von *G. Frühauf*. Durchgesehener Neudruck. 122 Seiten, 98 Abbildungen. 1950. (1132)

Elektrische Höchstspannungs-Schaltanlagen. Für Freiluft und Innenanordnung von *G. Meiners* und *K.-H. Wiesenewsky*. 138 Seiten, 58 Abbildungen. 1964. (796/796a)

Transformatoren von *W. Schäfer*. 4., überarbeitete und ergänzte Auflage. 130 Seiten, 73 Abbildungen. 1962. (952)

Maschinenbau

Metallkunde von *H. Borchers.* 3 Bände.
I: Aufbau der Metalle und Legierungen. 6. Auflage. 120 Seiten, 90 Abbildungen, 2 Tabellen. 1964. (432)
II: Eigenschaften, Grundzüge der Form- und Zustandsgebung. 5., ergänzte und durchgesehene Auflage. 182 Seiten, 107 Abbildungen, 10 Tabellen. 1963. (433/433a)
III: Die metallkundlichen Untersuchungsmethoden von *E. Hanke.* In Vorbereitung. (434)

Die Werkstoffe des Maschinenbaues von *A. Thum †* und *C. M. v. Meysenbug.* 2 Bände.
I: Einführung in die Werkstoffprüfung. 2., neubearbeitete Auflage. 100 Seiten, 7 Tabellen, 56 Abbildungen. 1956. (476)
II: Die Konstruktionswerkstoffe. 132 Seiten, 40 Abbildungen. 1959. (936)

Dynamik von *W. Müller.* 2 Bände. 2., verbesserte Auflage.
I: Dynamik des Einzelkörpers. 128 Seiten, 48 Figuren. 1952. (902)
II: Systeme von starren Körpern. 102 Seiten, 41 Figuren. 1952. (903)

Technische Schwingungslehre von *L. Zipperer.* 2 Bände. 2., neubearbeitete Auflage.
I: Allgemeine Schwingungsgleichungen, einfache Schwinger. 120 Seiten, 101 Abbildungen. 1953. (953)
II: Torsionsschwingungen in Maschinenanlagen. 102 Seiten, 59 Abbildungen. 1955. (961/961 a)

Werkzeugmaschinen für Metallbearbeitung von *K. P. Matthes.* 2 Bände.
I: 100 Seiten 27 Abbildungen, 11 Zahlentafeln, 1 Tafelanhang. 1954. (561)
II: Fertigungstechnische Grundlagen der neuzeitlichen Metallbearbeitung. 101 Seiten, 30 Abbildungen, 5 Tafeln. 1955. (562)

Das Maschinenzeichnen mit Einführung in das Konstruieren von *W. Tochtermann.* 2 Bände. 4. Auflage.
I: Das Maschinenzeichnen. 156 Seiten, 75 Tafeln. 1950. (589)
II: Ausgeführte Konstruktionsbeispiele. 130 Seiten, 58 Tafeln. 1950. (590)

Die Maschinenelemente von *E. A. vom Ende †.* 4., überarbeitete Auflage. 184 Seiten. 179 Figuren, 11 Tafeln. 1963. (3/3a)

Die Maschinen der Eisenhüttenwerke von *L. Engel.* 156 Seiten, 95 Abbildungen. 1957. (583/583a)

Walzwerke von *H. Sedlaczek †* unter Mitarbeit von *F. Fischer* und *M. Buch.* 232 Seiten, 157 Abbildungen. 1958. (580/580a)

Getriebelehre von *P. Grodzinski †.* 2 Bände. 3., neubearbeitete Auflage von *G. Lechner.*
I: Geometrische Grundlagen. 164 Seiten, 131 Figuren. 1960. (1061)
II: Angewandte Getriebelehre. In Vorbereitung. (1062)

Kinematik von *H. R. Müller.* 171 Seiten, 75 Figuren. 1963. (584/584a)

Gießereitechnik von *H. Jungbluth*. 2 Bände.
I: Eisengießerei. 126 Seiten, 44 Abbildungen. 1951. (1159)

Die Dampfkessel einschließlich Feuerungen und Hilfseinrichtungen. Physikalische und chemische Grundlagen, Berechnung und Konstruktion, Vorschriften und Beispiele von *W. Marcard*. 3., neubearbeitete Auflage von *G. Beyer*. 2 Bände.
I: Physikalische und chemische Grundlagen, Wärmelehre, Wärmeübertragung, Verbrennung. 133 Seiten, 35 Bilder, 26 Tabellen. 1964. (9/9a)

Die Dampfturbinen. Ihre Wirkungsweise, Berechnung und Konstruktion von *C. Zietemann*. 3 Bände.
I: Theorie der Dampfturbinen. 4. Auflage. 139 Seiten, 48 Abbildungen. 1964. In Vorbereitung. (274)
II: Die Berechnung der Dampfturbinen und die Konstruktion der Einzelteile. 4., verbesserte Auflage. 132 Seiten, 111 Abbildungen. 1964. In Vorbereitung. (715)
III: Die Regelung der Dampfturbinen, die Bauarten, Turbinen für Sonderzwecke, Kondensationsanlagen. 3., verbesserte Auflage. 126 Seiten, 90 Abbildungen. 1956. (716)

Verbrennungsmotoren von *W. Endres*. 3 Bände.
I: Überblick. Motor-Brennstoffe. Verbrennung im Motor allgemein, im Otto- und Diesel-Motor. 153 Seiten, 57 Abbildungen. 1958. (1076/1076a)
II: Die heutigen Typen der Verbrennungskraftmaschine. In Vorbereitung. (1184)
III: Die Einzelteile des Verbrennungsmotors. In Vorbereitung. (1185)

Autogenes Schweißen und Schneiden von *H. Niese*. 5. Auflage, neubearbeitet von *A. Küchler*. 136 Seiten, 71 Figuren. 1953. (499)

Die elektrischen Schweißverfahren von *H. Niese*. 2. Auflage, neubearbeitet von *H. Dienst*. 136 Seiten, 58 Abbildungen. 1955. (1020)

Die Hebezeuge. Entwurf von Winden und Kranen von *G. Tafel*. 2., verbesserte Auflage. 176 Seiten, 230 Figuren. 1954. (414/414a)

Vermessungswesen

Vermessungskunde von *W. Großmann*. 3 Bände.
I: Stückvermessung und Nivellieren. 12., verbesserte Auflage. 144 Seiten, 117 Figuren. 1964. (468)
II: Horizontalaufnahmen und ebene Rechnungen. 9., verbesserte Auflage. 136 Seiten, 101 Figuren. 1963. (469)
III: Trigonometrische und barometrische Höhenmessung. Tachymetrie und Absteckungen. 8. Auflage. 136 Seiten, 97 Figuren. 1964. (862)

Kartographie von *V. Heissler*. 213 Seiten, 125 Abbildungen, 8 Anlagen. 1962. (30/30a)

Photogrammetrie von *G. Lehmann*. 189 Seiten, 132 Abbildungen. 1959. (1188/1188a)

Wasserbau

Wasserkraftanlagen von *A. Ludin* unter Mitarbeit von *W. Borkenstein*. 2 Bände.
I: Planung, Grundlagen und Grundzüge. 124 Seiten, 60 Abbildungen. 1955. (665)
II: Anordnung und Ausbildung der Hauptbauwerke. 184 Seiten, 91 Abbildungen. 1958. (666/666a)

Verkehrswasserbau von *H. Dehnert*. 3 Bände.
I: Entwurfsgrundlagen, Flußregelungen. 103 Seiten, 53 Abbildungen. 1950. (585)
II: Flußkanalisierung und Schiffahrtskanäle. 94 Seiten, 60 Abbildungen. 1950. (597)
III: Schleusen und Hebewerke. 98 Seiten, 70 Abbildungen. 1950. (1152)

Wehr- und Stauanlagen von *H. Dehnert*. 134 Seiten, 90 Abbildungen. 1952. (965)

Talsperren von *F. Tölke*. 122 Seiten, 70 Abbildungen. 1953. (1044)

Hoch- und Tiefbau

Die wichtigsten Baustoffe des Hoch- und Tiefbaus von *O. Graf †*. 4., verbesserte Auflage. 131 Seiten, 63 Abbildungen. 1953. (984)

Baustoffverarbeitung und Baustellenprüfung des Betons von *A. Kleinlogel*. 2., neubearbeitete und erweiterte Auflage. 126 Seiten, 35 Abbildungen. 1951. (978)

Festigkeitslehre. 2 Bände.
I: Elastizität, Plastizität und Festigkeit der Baustoffe und Bauteile von *W. Gehler †* und *W. Herberg*. Durchgesehener und erweiterter Neudruck. 159 Seiten, 118 Abbildungen. 1952. (1144)
II: Formänderung, Platten, Stabilität und Bruchhypothesen von *W. Herberg* und *N. Dimitrov*. 187 Seiten, 94 Abbildungen. 1955. (1145/1145a)

Grundlagen des Stahlbetonbaus von *A. Troche*. 2., neubearbeitete und erweiterte Auflage. 208 Seiten, 75 Abbildungen, 17 Bemessungstafeln, 20 Rechenbeispiele. 1953. (1078)

Statik der Baukonstruktionen von *A. Teichmann*. 3 Bände.
I: Grundlagen. 101 Seiten, 51 Abbildungen, 8 Formeltafeln. 1956. (119)
II: Statisch bestimmte Stabwerke. 107 Seiten, 52 Abbildungen, 7 Tafeln. 1957. (120)
III: Statisch unbestimmte Systeme. 112 Seiten, 34 Abbildungen, 7 Formeltafeln. 1958. (122)

Fenster, Türen, Tore aus Holz und Metall. Eine Anleitung zu ihrer guten Gestaltung, wirtschaftlichen Bemessung und handwerksgerechten Konstruktion von *W. Wickop †*. 4., überarbeitete und ergänzte Auflage. 155 Seiten, 95 Abbildungen. 1955. (1092)

Heizung und Lüftung von *W. Körting*. 2 Bände. 9., neubearbeitete Auflage.
I: Das Wesen und die Berechnung der Heizungs- und Lüftungsanlagen. 171 Seiten, 29 Abbildungen, 36 Zahlentafeln. 1962. (342/342a)
II: Die Ausführung der Heizungs- und Lüftungsanlagen. 1964. In Vorbereitung. (343)

Industrielle Kraft- und Wärmewirtschaft von *F. A. F. Schmidt* und *A. Beckers*. 167 Seiten, 73 Abbildungen. 1957. (318/318a)

Weitere Sonderverzeichnisse aller
Wissensgebiete und Einzelprospekte,
sowie die Verlagskataloge
aus dem Verlag
WALTER DE GRUYTER & CO.
erhalten Sie jederzeit
bei Ihrem Buchhändler.

Sammlung Göschen / Bandnummernfolge

1 Langosch, Der Nibelunge Nôt
3/3a v. Ende, Maschinenelemente
9/9a Marcard-Beyer, Dampfkessel I
10 Jiriczek-Wisniewski, Kudrun und Dietrich-Epen
13/13a Lotze, Geologie
18 Maurer, Hartmann von Aue. Der arme Heinrich
19 Altheim, Römische Geschichte I
20 Hofstaetter, Dt. Sprachlehre
22 Maurer, Gottfried von Strassburg
29/29a Brauns-Chudoba, Allgemeine Mineralogie
30/30a Heissler, Kartographie
31/31a Brauns-Chudoba, Spezielle Mineralogie
32 Schneider-Wisniewski, Deutsche Heldensage
35 Treue, Dt. Geschichte von 1648—1740
37/37a Klemm, Anorganische Chemie
38/38a Schlenk, Organische Chemie
39 Treue, Dt. Geschichte von 1713—1806
42 Behn-Hoernes, Vorgeschichte Europas
44 Kresze, Physikalische Methoden in der Organischen Chemie I
45/45a Kresze, Physikalische Methoden in der Organischen Chemie II
47 Fischer-Rohrbach, Arithmetik
51/51a Ringleb, Mathem. Formelsammlung
52 Bieler, Röm. Literaturgesch. I
59 Krahe, Indog. Sprachwiss. I
60 Biehle, Stimmkunde
61 Biele, Redetechnik
64 Krahe, Indog. Sprachwiss. II
65/65a Grotemeyer, Analyt. Geometrie
66 Berneker-Vasmer, Russische Grammatik
70 Nestle-Liebich, Gesch. d. griechischen Literatur I
71 Schulze, Allgemeine und physikalische Chemie I
76 Döring, Einf. i. d. th. Physik I
77 Döring, Einf. i. d. th. Physik II
78 Döring, Einf. i. d. th. Physik III
79/79a Hempel, Got. Elementarbuch
80 Weigert, Stilkunde I
81 Schubert-Haussner-Erlebach, Vierstell. Logarithmentafeln
86 Barner, Differential- u. Integralrechnung I
96 Hartmann, Einf. in die allgem. Biologie
99 Hessenberg-Kneser, Ebene und sphär. Trigonometrie
101 v. Wiese, Soziologie
103 Dahrendorf, Industrie- und Betriebssoziologie
104/104a Hofstätter, Sozialpsychologie
111 Hoffmann-Debrunner, Gesch. der griechischen Sprache I
114 Debrunner, Gesch. der griechischen Sprache II
117 Brandenstein, Griechische Sprachwissenschaft I
118/118a Brandenstein, Griechische Sprachwissenschaft II
119 Teichmann, Statik der Baukonstruktionen I
120 Teichmann, Statik der Baukonstruktionen II
122 Teichmann, Statik der Baukonstruktionen III

128/128a Lausberg, Romanische Sprachwissenschaft I
136 Mahler-Graewe, Physikal. Formelsammlung
141 Geitler, Morphologie der Pflanzen
142 Haack, Darst. Geometrie I
143 Haack, Darst. Geometrie II
144 Haack, Darst. Geometrie III
145 Weimer, Gesch. der Pädagogik
148 Kolms, Finanzwissenschaft I
156/156a Landmann, Philosophische Anthropologie
170 Oehlmann, Musik des 19. Jhs.
171/171a Oehlmann, Musik des 20. Jhs.
173 Bruhns-Ramdohr, Petrographie
174 Schlingloff, Religion des Buddhismus I
180 Böhm, Versicherungsmathematik I
184 Blümcke, Textilindustrie I
196/196a Mohr, Grundlagen der allgem. Elektrotechnik
200/200a Gottschald, Dt. Rechtschreibungswörterbuch
210 Bruhns-Ramdohr, Kristallographie
220/220a Moser, Allg. Musiklehre
221/221a Jander-Jahr-Knoll, Maßanalyse
222 Hassak-Beutel-Kutzelnigg, Warenkunde I
223 Hassak-Beutel-Kutzelnigg, Warenkunde II
226/226a Hofmann, Gesch. der Mathematik I
228 Vogel, Landw. Tierzucht
231/231a Ehrlich, Gesch. Israels
238 Krahe, Germ. Sprachwiss. I
243 Mahler-Graewe, Physikal. Aufgabensammlung
247/247a Hofmann-Jander, Qualitative Analyse
250 Lausberg, Romanische Sprachwissenschaft II
252 Vetter, Elektrochemie I
253 Vetter, Elektrochemie II
257 Humburg, Gleichstrommaschine I
264 Lockemann, Gesch. der Chemie I
265/265a Lockemann, Geschichte der Chemie II
270 Kirn, Einführung in die Geschichtswissenschaft
274 Zietemann, Dampfturbinen I
279 Jacob-Hohenleutner, Quellenkunde der deutschen Geschichte I
280 Jacob-Hohenleutner, Quellenkunde der deutschen Geschichte II
281 Leisegang, Einführung in die Philosophie
282 Haltenorth, Säugetiere
284 Jacob-Weden, Quellenkunde der deutschen Geschichte III
318/318a Schmidt-Beckers, Industrielle Kraft- u. Wärmewirtschaft
319 Krug, Australien und Ozeanien
329 Scharrer, Agrikulturchemie I
330/330a Scharrer, Agrikulturchemie II
335 Klug, Fette und Öle
336 Braun-Klug, Seifenfabrikation
342/342a Körting, Heizung und Lüftung I
343 Körting, Heizung und Lüftung II
344 Moser, Musikästhetik
354/354a Valentiner-König, Vektoren und Matrizen
355 Neger-Münch-Huber, Nadelhölzer
356 Lüdemann, Fische
374 Döring, Einführung in die theoret. Physik IV
375 Preller, Geschichte Englands I
389/389a Diels-Mattick, Pflanzengeographie
391 Kolms, Finanzwissenschaft II
394/394a Schilling, Von der Renaissance bis Kant
414/414a Tafel, Hebezeuge
422 Gottschald, Dt. Personennamen
423 Adler-Erlebach, Fünfstellige Logarithmen
432 Borchers, Metallkunde I
433/433a Borchers, Metallkunde II

434 Borchers-Hanke, Metallkunde III
435 Burau, Algebr. Kurven u. Flächen I
436/436a Burau, Algebr. Kurven und Flächen II
439 Jaeckel, Würmer
440 Jaeckel, Weichtiere
441 Jaeckel, Stachelhäuter
442 Hannemann, Schwämme und Hohltiere
443 Gruner-Deckert, Krebse
444 Reichenow, Einzeller
445 Asmus, Physikal.-chem. Rechenaufgaben
447/447a Herter, Kriechtiere
448 Haltenorth, Manteltiere
452 Bahrdt-Scheer, Stöchiometrische Aufgabensammlung
468 Großmann, Vermessungskunde I
469 Großmann, Vermessungskunde II
476 Thum-Meysenbug, Die Werkstoffe des Maschinenbaues I
483 Henglein, Lötrohrprobierkunde
492 Stolz-Debrunner, Geschichte der lateinischen Sprache
499 Niese-Küchler, Autogenes Schweißen
500 Simmel, Hauptprobleme der Philosophie
536 Lehmann, Kant
538 Rumpf, Archäologie I
539 Rumpf, Archäologie II
540 Rumpf, Archäologie III
557 Nestle-Liebich, Gesch. der griech. Literatur II
561 Matthes, Werkzeugmaschinen I
562 Matthes, Werkzeugmaschinen II
564 Behn-Hoernes, Kultur der Urzeit I
565 Behn-Hoernes, Kultur der Urzeit II
566 Behn-Hoernes, Kultur der Urzeit III
571 Lehmann, Philosophie des 19. Jahrhunderts I
576/576a Moser, Gesangskunst
579 Müller-Schulze, Techn. Tabellen
580/580a Sedlaczek-Fischer-Buch, Walzwerke
583/583a Engel, Maschinen der Eisenhüttenwerke
584/584a Müller, Kinematik
585 Dehnert, Verkehrswasserbau I
587 Kalitsunakis-Steinmetz, Neugriech.-dt. Gesprächsbuch
589 Tochtermann, Maschinenzeichnen I
590 Tochtermann, Maschinenzeichnen II
594 v. Lengerken, Insekten
597 Dehnert, Verkehrswasserbau II
601 Mutschmann-Scherer, Engl. Phonetik
619/619a Buchwald, Kristalloptik
665 Ludin-Borkenstein, Wasserkraftanlagen I
666/666a Ludin-Borkenstein, Wasserkraftanlagen II
668 Knopp, Funktionentheorie I
677 Altheim, Röm. Geschichte II
679 Altheim, Röm. Geschichte III
684 Altheim, Röm. Geschichte IV
691 Fauser, Kulturtechn. Bodenverbesserungen I
692 Fauser, Kulturtechn. Bodenverbesserungen II
698/698a Schulze, Allgemeine u. physikalische Chemie II
703 Knopp, Funktionentheorie II
709 Lehmann, Philosophie des 19. Jahrhunderts II
711 Kesselring, Berechnung der Schaltgeräte
714/714a zur Megede, Technik selbsttätiger Regelungen
715 Zietemann, Dampfturbinen II
716 Zietemann, Dampfturbinen III
718 Neger-Münch-Huber, Laubhölzer
728/728a Pirani-Fischer-Runge, Graph. Darstellung in Wissenschaft u. Technik
735 Ekwall, Historische neuengl. Laut- und Formenlehre

746/746a Pfanzagl, Allg. Methodenlehre der Statistik I
747/747a Pfanzagl, Allg. Methodenlehre der Statistik II
756/756a Kalitsunakis, Gramm. d. Neugriech. Volksspr.
763/763a Beer-Meyer, Hebräische Grammatik I
764/764a Beer-Meyer, Hebräische Grammatik II
768/768a Bieberbach, Einführung in die konforme Abbildung
769/769a Beer-Meyer, Hebräisches Textbuch
770 Schlingloff, Religion des Buddhismus II
776 Kolms, Finanzwissensch. III
780 Krahe, Germ. Sprachwiss. II
781 Weigert, Stilkunde II
782 Kolms, Finanzwissensch. IV
786 Schulze, Molekülbau
796/796a Meiners-Wiesenewsky, Elektr. Höchstspannungs-Schaltanlagen
807 Kropp, Erkenntnistheorie
809 Moser, Harmonielehre I
810 Moser, Harmonielehre II
826 Koch, Philosophie d. Mittelalters
827 Schwaiger, Elektromotorische Antriebe
831 Erismann, Allg. Psychologie I
832/382a Erismann, Allg. Psychologie II
833 Erismann, Allg. Psychologie III
834/834a Erismann, Allg. Psychologie IV
837/837a Baumgartner, Gruppentheorie
845 Lehmann, Philosophie im ersten Drittel des 20. Jhs. I
847 Herter, Lurche
850 Lehmann, Philosophie im ersten Drittel des 20. Jhs. II
851/851a Moede, Psychologie des Berufs- und Wirtschaftslebens
857 Capelle, Griech. Philosophie I
858 Capelle, Griech. Philos. II
859 Capelle, Griech. Philos. III
862 Großmann, Vermessungskunde III
863 Capelle, Griech. Philos. IV
866 Bieler, Röm. Literaturgeschichte II
869 Freye, Vögel
875 Hofmann, Geschichte der Mathematik II
877 Knopp, Aufgabensammlung zur Funktionentheorie I
878 Knopp, Aufgabensammlung zur Funktionentheorie II
881 Humburg, Gleichstrommaschine II
882 Hofmann, Geschichte der Mathematik III
883 Stuloff, Mathematik der neuesten Zeit
893 Treue, Dt. Geschichte von 1806—1890
894 Treue, Dt. Geschichte von 1890 bis zur Gegenwart
902 Müller, Dynamik I
903 Müller, Dynamik II
910 Jaeger, Afrika I
911 Jaeger, Afrika II
915 Sperber-Fleischhauer, Gesch. der Deutschen Sprache
917/917a Böhm, Versicherungsmathematik II
920 Hoheisel, Gewöhnliche Differentialgleichungen
921 Jantzen-Kolb, W. v. Eschenbach. Parzival
924 Brandenstein, Griechische Sprachwissenschaft III
929 Schirmer-Mitzka, Dt. Wortkunde
930 Krull, Elementare und klassische Algebra I
931 Hasse, Höhere Algebra I
932 Hasse, Höhere Algebra II
933 Krull, Elementare und klassische Algebra II
936 Thum-Meysenbug, Werkstoffe d. Maschinenbaues II
952 Schäfer, Transformatoren
953 Zipperer, Techn. Schwingungslehre I
961/961a Zipperer, Techn. Schwingungslehre II
965 Dehnert, Wehr- und Stauanlagen

970/970 a Baldus-Löbell, Nichteuklidische Geometrie
978 Kleinlogel, Baustoffverarbeitung und Baustellenprüfung d. Betons
984 Graf, Baustoffe des Hoch- und Tiefbaues
999/999 a Kamke, Mengenlehre
1000 Jaspers, Geistige Situat. der Zeit
1003 Hoheisel, Partielle Differentialgleichung
1008/1008 a Mellerowicz, Allgem. Betriebswirtschaftslehre I
1009 Bechert-Gerthsen-Flammersfeld, Atomphysik I
1014 Huttenlocher, Mineral- und Erzlagerstättenkunde I
1015/1015a Huttenlocher, Mineral- u. Erzlagerstättenkunde II
1017 Döring, Einführung in die theoret. Physik V
1020 Niese-Dienst, Elektrische Schweißverfahren
1031/1031 a Apel-Ludz, Philosophisches Wörterbuch
1033 Bechert-Gerthsen-Flammersfeld, Atomphysik II
1034 Kranefeldt-Jung, Therapeutische Psychologie
1035 Altheim, Röm. Religionsgeschichte I
1039 Dovifat, Zeitungslehre I
1040 Dovifat, Zeitungslehre II
1044 Tölke, Talsperren
1045 Schubert, Technik des Klavierspiels
1051/1051 a Stolberg-Wernigerode, Gesch. d. Vereinigten Staaten
1052 Altheim, Röm. Religionsgeschichte II
1057 Roth, Thermochemie
1059/1059a Hoheisel, Aufgabenslg. z. d. gew. u. part. Differentialgleichungen
1061 Grodzinski-Lechner, Getriebelehre I
1062 Grodzinski-Lechner, Getriebelehre II
1065 Haller-Dannenbauer, Von d. Karolingern zu den Staufern
1070 Sauter, Differentialgleichungen der Physik
1074 Koschmieder, Variationsrechnung I
1075 Koschmieder, Variationsrechnung II
1076/1076 a Endres, Verbrennungsmotoren I
1077 Haller-Dannenbauer, Von den Staufern zu den Habsburgern
1078 Troche, Stahlbetonbau
1082 Hasse-Klobe, Aufgabensammlung zur höheren Algebra
1085 Lietzmann-Aland, Zeitrechnung
1086 Müller, Dt. Dichten und Denken
1088 Preller, Gesch. Englands II
1092 Wickop, Fenster, Türen, Tore
1094 Hernried, System. Modulation
1096 Viëtor, Dt. Dichten und Denken
1099 Hoheisel, Integralgleichungen
1105 Hartung, Dt. Geschichte im Zeitalter der Reformation
1108 de Boor-Wisniewski, Mittelhochdeutsche Grammatik
1109 Knopp, Elemente der Funktionentheorie
1111/1111 a Naumann-Betz, Althochdt. Elementarbuch
1113/1113a Strubecker, Differentialgeometrie I
1114 Schubel, Engl. Literaturgeschichte I
1115 Ranke, Altnord. Elementarbuch
1116 Schubel, Engl. Literaturgeschichte II
1117 Haller-Dannenbauer, Eintritt der Germanen in die Geschichte
1121 Naumann, Dt. Dichten u. Denken
1122 Feist, Sprechen und Sprachpflege

1123/1123a Bechert-Gerthsen-Flammersfeld, Atomphysik III
1124 Schubel, Engl. Literaturgeschichte III
1125 Lehnert, Altengl. Elementarbuch
1127 Hartmann, Geschlecht u. Geschlechtsbestimmung im Tier- und Pflanzenreich
1128 Buchner, Symbiose der Tiere
1130 Dibelius-Kümmel, Jesus
1131 Scholz-Schoeneberg, Einführung in die Zahlentheorie
1132 Frühauf, Überspannungen
1134 Kuckuck, Pflanzenzüchtung I
1135 Lehnert, Beowulf
1137 Heil, Entwicklungsgesch. d. Pflanzenreiches
1138 Hämmerling, Fortpflanzung im Tier- und Pflanzenreich
1140 Unger, Induktionsmaschine
1141 Koller, Hormone
1142 Meissner-Lehnert, Shakespeare
1144 Gehler-Herberg, Festigkeitslehre I
1145/1145a Herberg-Dimitrov, Festigkeitslehre II
1146 Putz, Synchronmaschine
1147 v. Waltershausen, Kunst d. Dirigierens
1148 Pepping, Der polyphone Satz I
1152 Dehnert, Verkehrswasserbau III
1153/1153a Mellerowicz, Allgem. Betriebswirtschaftslehre II
1154/1154a Mellerowicz, Allgem. Betriebswirtschaftslehre III
1155 Schwartz, Mikrobiologie I
1156/1156a Meinke, Komplexe Berechnungen v. Wechselstromschaltungen
1157 Schwartz, Mikrobiologie II
1158 Mayrhofer, Sanskrit-Grammatik
1159 Jungbluth, Gießereitechnik I
1160 Dibelius-Kümmel, Paulus
1161 Kaestner, Spinnentiere
1162 Seidel, Entwicklungsphysiologie der Tiere I
1163 Seidel, Entwicklungsphysiologie der Tiere II
1164/1164a Pepping, Der polyphone Satz II
1165/1165a Bechert-Gerthsen-Flammersfeld, Atomphysik IV
1169 Paulsen, Allgemeine Volkswirtschaftslehre I
1170 Paulsen, Allgemeine Volkswirtschaftslehre II
1171 Paulsen, Allgemeine Volkswirtschaftslehre III
1172 Paulsen, Allgemeine Volkswirtschaftslehre IV
1173 Hamann-Funke-Hermann, Chemie der Kunststoffe
1176/1176a Lorenzen, Form. Logik
1178/1178a Kuckuck, Pflanzenzüchtung II
1179/1179a Strubecker, Differentialgeometrie II
1180/1180a Strubecker, Differentialgeometrie III
1181 Franz, Topologie I
1182/1182a Franz, Topologie II
1183/1183a Nicolas, Finanzmathematik
1184 Endres, Verbrennungsmotoren II
1185 Endres, Verbrennungsmotoren III
1186/1186a Mellerowicz, Allgem. Betriebswirtschaftslehre IV
1187 Lau, Luther
1188/1188a Lehmann, Photogrammetrie
1189/1189a Päsler, Mechanik
1190 Stupperich, Melanchthon
1191/1191a Bräuer, Slav. Sprachwissenschaft I
1193 Fürstenberg, Wirtschaftssoziologie
1194 Wendt, Gesch. d. Volkswirtschaftslehre
1195 Ohm, Allgem. Volkswirtschaftspolitik I
1196 Ohm, Allgem. Volkswirtschaftspolitik
1197/1197a Onasch, Einf. in die Konfessionskunde der orthodoxen Kirchen

1198 Engel, Straßenverkehrstechnik
1199 Lausberg, Romanische Sprachwissenschaft III, 1. Teil
1200/1200a Lausberg, Romanische Sprachwissenschaft III, 2. Teil
1201/1201a Dehn, Versuche zur allgem. u. phys. Chemie
1202/1202a Nagel, Gesch. des christl. Gottesdienstes
1203 Wendland, Sozialethik
1204 Scheurig, Zeitgeschichte
1205/1205a Hofmann, Ideengeschichte d. soz. Bewegung
1206/1206a Langen, Lineare Programmierung
1208 Lausberg, Romanische Sprachwissenschaft IV
1209/1209a Bock, Therm. Verfahrenstechnik I
1210/1210a Bock Therm. Verfahrenstechnik II
1211/1211a Bock, Therm. Verfahrenstechnik III
1212/1212a Hilf, Arbeitswissenschaft
1213/1213a Kosiol, Buchhaltung und Bilanz
1216/1216a Bauer, Wahrscheinlichkeitstheorie I
1217 Bauer, Wahrscheinlichkeitstheorie II
1219 Schmidt-Clausing, Zwingli

Autorenregister

Printed in Germany 150/VIII/64

FSC
www.fsc.org
MIX
Papier | Fördert gute Waldnutzung
FSC® C083411

Zeitfracht Medien GmbH
Ferdinand-Jühlke-Straße 7
99095 Erfurt, Deutschland
produktsicherheit@kolibri360.de